啊，诗从何处寻？
从细雨下，点碎落花声，
从微风里，飘来流水音，
从蓝空天末，摇摇欲坠的孤星！

写给大家的美学二十讲

宗白华 著

20
Lectures on Beauty

江苏凤凰文艺出版社

只 为 优 质 阅 读

好
读
Goodreads

代序

美从何处寻?

啊,诗从何处寻?
从细雨下,点碎落花声,
从微风里,飘来流水音,
从蓝空天末,摇摇欲坠的孤星!

——(《流云小诗》)

尽日寻春不见春,
芒鞋踏遍陇头云,
归来笑拈梅花嗅,
春在枝头已十分。

——(宋罗大经:《鹤林玉露》中载某尼悟道诗)

诗和春都是美的化身,一是艺术的美,一是自然的美。我们都是从目观耳听的世界里寻得她的踪迹。某尼悟道诗大有禅意,好像是说"道不远人",不应该"道在迩而求诸远"。好像是说:"如果你在自己的心中找不到美,那么,你就没有地方可以发现美的踪迹。"

然而梅花仍是一个外界事物呀,大自然的一部分呀!你的心不是"在"自己的心的过程里,在感情、情绪、思维里找到美;而只是"通过"感觉、情绪、思维找到美,发现梅花里的美。美对于你的心,你的"美感"是客观的对象和存在。你如果要进一步认识她,你可以分析她的结构、形象、组成的各部分,得出"谐和"的规律、"节奏"的规律、表现的内容、丰富的启示,而不必顾到你自己的心的活动,你越能忘掉自我,忘掉你自己的情绪波动,思维起伏,你就越能够"漱涤万物,牢笼百态"(柳宗元语),你就会像一面镜子,像托尔斯泰那样,照见了一个世界,丰富了自己,也丰富了文化。人们会感谢你的。

那么,你在自己的心里就找不到美了吗?我说,如果我们的心灵起伏万变,经常碰到情感的波涛,思想的矛盾,当我们身在其中时,恐怕尝到的是苦闷,而未必是美。只有莎士比亚或巴尔扎克把它形象化了,表现在文艺里,或是你自己手之舞之,足之蹈之,把你的欢乐表现在舞蹈的形象里,或把你的忧郁歌咏在有节奏的诗歌里,甚至于在你的平日的行动里、语言里。一句话,就是你的心要具体地表现在形象里,那时旁人会看见你的心灵的美,你自己也才真正的切实地具体地发现你的心里的美。除此以外,恐怕不容易吧！你的心可以发现美的对象（人生的，社会的，自然的），这"美"对于你是客观的存在，不以你的意志为转移。（你的意志只能指使你的眼睛去看她，或不去看她，而不能改变她。你能训练你的眼睛深一层地去认识她，却不能动摇她。希腊伟大的艺术不因中古时代而减少它的光辉。）

宋朝某尼虽然似乎悟道，然而她的觉悟不够深，不够高，她不能发现整个宇宙已经盎然有春意，假使梅花枝上已经春满十分了。她在踏遍陇头云时是苦闷的、失望的。她把自己关在狭窄的心的圈子里了。只在自己的心里去找寻美的踪迹是不够的，是大有问题的。王羲之在《兰亭序》里说："仰观宇宙之大，俯察品类之盛，所以游目骋怀，足以极视听之娱，信可乐也。"这是东晋大书法家在寻找美的踪迹。他的书法传达了自然的美和精神的美。不仅是大宇宙，小小的事物也不可忽视。诗人华滋沃斯曾经说过："一朵微小的花对于我可以唤起不能用眼泪表达出的那样深的思想。"

达到这样的、深入的美感，发现这样深度的美，是要在主观心理方面具有条件和准备的。我们的感情是要经过一番洗涤，克服了小己的私欲和利害计较。矿石商人只看到矿石的货币价值，而看不见矿石的美的特性。我们要把整个情绪和思想改造一下，移动了方向，才能面对美的形象，把美如实地和深入地反映到心里来，再把它放射出去，凭借物质创造形象给表达出来，才成为艺术。中国古代曾有人把这个过程唤作"移人之情"或"移我情"。琴曲《伯牙水仙操》的序上说：

> 伯牙学琴于成连，三年而成。至于精神寂寞，情之专一，未能得也。成连曰："吾之学不能移人之情，吾师有方子春在东海中。"乃赉粮从之，至蓬莱山，留伯牙曰："吾将迎吾师！"划船而去，旬日不返。伯牙心悲，延颈四望，但闻海水汩波，山林窅冥，群鸟悲号。仰天叹曰："先生将移我情！"乃援操而作歌云："繄洞庭兮流斯护，舟楫逝兮仙不还，移形素兮蓬莱山，欽钦伤宫仙不还。"

伯牙由于在孤寂中受到大自然强烈的震撼，生活上的异常遭遇，整个心境受了洗涤和改造，才达到艺术的最深体会，把握到音乐的创造性的旋律，完成他的美的感受和创造。这个"移情说"比起德国美学家栗卜斯的"情感移入论"似乎还要深刻些，因为它说出现实生活中的体验和改造是"移情"的基础呀！并且"移易"和"移入"是不同的。

这里我所说的"移情"应当是我们审美的心理方面的积极因素和条件，而美学家所说的"心理距离""静观"，则构成审美的消极条件。女子郭六芳有一首诗《舟还长沙》说得好：

侬家家住两湖东，

十二珠帘夕照红，

今日忽从江上望，

始知家在画图中。

　　自己住在现实生活里，没有能够把握它的美的形象。等到自己对自己的日常生活有相当的距离，从远处来看，才发现家在画图中，融在自然的一片美的形象里。

　　但是在这主观心理条件之外，也还需要客观的物的方面的条件。在这里是那夕照的红和十二珠帘的具有节奏与和谐的形象。宋人陈简斋的海棠诗云："隔帘花叶有辉光。"帘子造成了距离，同时它的线文的节奏也更能把帘外的花叶纳进美的形象，增强了它的光辉闪灼，呈显出生命的华美，就像一段欢愉生活嵌在素朴而具有优美旋律的歌词里一样。

　　这节奏，这旋律，这和谐等，它们是离不开生命的表现，它们不是死的机械的空洞的形式，而是具有丰富内容，有表现、有深刻意义的具体形象。形象不是形式，而是形式和内容的统一，形式中每一个点、线、色、形、音、韵，都表现着内容的意义、情感、价值。所以诗人艾里略说："一个造出新节奏的人，就是一个拓展了我们的感情并使它更为高明的人。"又说，"创造一种形式并不是仅仅发明一种格式、一种韵律或节奏，而且也是这种韵律或节奏的整个合式的内容的发觉。莎士比亚的十四行诗并不仅是如此这般的一种格式或图形，而是一种恰是如此思想感情的方式"，而具有着理想的形式的诗是"如此这般的诗，以致我们看不见所谓诗，但注意着诗所指示的东西"（《诗的作用和批评的作用》）。这里就是"美"，就是美感所受的具体对象。它是通过美感来摄取的美，而不是美感的主观的心理活动自身。就像物质的内部结构和规律是抽象思维所摄取的，但自身却不是抽象思维而是具体事物。所以专在心内搜寻是达不到美的踪迹的。美的踪迹要到自然、人生、社会的具体形象里去找。

但是心的陶冶、心的修养和锻炼是替美的发现和体验做准备的。创造"美"也是如此。奥地利诗人里尔克在他的《柏列格的随笔》里有一段话精深微妙，梁宗岱曾把它译出，现介绍如下：

……一个人早年作的诗是这般乏意义，我们应该毕生期待和采集，如果可能，还要悠长的一生；然后，到晚年，或者可以写出十行好诗。因为诗并不像大家所想象，徒是情感（这是我们很早就有了的），而是经验。单要写一句诗，我们得要观察过许多城许多人许多物，得要认识走兽，得要感到鸟儿怎样飞翔和知道小花清晨舒展的姿势。得要能够回忆许多远路和僻境，意外的邂逅，眼光光望它接近的分离，神秘还未启明的童年，和容易生气的父母，当他给你一件礼物而你不明白的时候（因为那原是为别一人设的欢喜）和离奇变幻的小孩子的病，和在一间静穆而紧闭的房里度过的日子，海滨的清晨和海的自身，和那与星斗齐飞的高声呼号的夜间的旅行——而单是这些犹未足，还要享受过许多夜不同的狂欢，听过妇人产时的呻吟，和坠地便瞑目的婴儿轻微的哭声，还要曾经坐在临终人的床头和死者的身边，在那打开的、外边的声音一阵阵拥进来的房里。可是单有记忆犹未足，还要能够忘记它们，当它们太拥挤的时候，还要有很大的忍耐去期待它们回来。因为回忆本身还不是这个，必要等到它们变成我们的血液、眼色和姿势了，等到它们没有了名字而且不能别于我们自己了，那么，然后可以希望在极难得的顷刻，在它们当中伸出一句诗的头一个字来。

这里是大诗人里尔克在许许多多的事物里、经验里，去踪迹诗，去发现美，多么艰辛的劳动呀！他说：诗不徒是感情，而是经验。现在我们也就转过方向，从客观条件来考察美的对象的构成。改造我们的感情，使它能够发现美。中国古人曾经把这唤作"移我情"，改变着客观世界的现象，使它能够成为美的对象，中国古人曾经把这唤作"移世界"。

"移我情""移世界",是美的形象涌现出来的条件。

我们上面所引长沙女子郭六芳诗中说过:"今日忽从江上望,始知家在画图中。"这是心理距离构成审美的条件。但是"十二珠帘夕照红",却构成这幅美的形象的客观的积极的因素。夕照、月明、灯光、帘幕、薄纱、轻雾,人人知道是助成美的出现的有力的因素,现代的照相术和舞台布景知道这个而尽量利用着。中国古人曾经唤作"移世界"。

明朝文人张大复在他的《梅花草堂笔谈》里记述着:

邵茂齐有言,天上月色能移世界,果然!故夫山石泉涧,梵刹园亭,屋庐竹树,种种常见之物,月照之则深,蒙之则净,金碧之彩,披之则醇,惨悴之容,承之则奇,浅深浓淡之色,按之望之,则屡易而不可了。以至河山大地,邈若皇古,犬吠松涛,远于岩谷,草生木长,闲如坐卧,人在月下,亦尝忘我之为我也。今夜严叔向,置酒破山僧舍,起步庭中,幽华可爱,旦视之,酱盎纷然,瓦石布地而已,戏书此以信茂齐之语,时十月十六日,万历丙午三十四年也。

月亮真是一个大艺术家,转瞬之间替我们移易了世界,美的形象，涌现在眼前。但是第二天早晨起来看，瓦石布地而已。于是有人得出结论说：美是不存在的。我却要更进一步推论说，瓦石也只是无色、无形的原子或电磁波，而这个也只是思想的假设，我们能抓住的只是一堆抽象数学方程式而已。究竟什么是真实的存在？所以我们要回转头来说，我们现实生活里直接经验到的、不以我们的意志为转移的、丰富多彩的、有声有色有形有相的世界就是真实存在的世界，这是我们生活和创造的园地。所以马克思很欣赏近代唯物论的第一个创始者培根的著作里所说的物质以其感觉的诗意的光辉向着整个的人微笑（见《神圣家族》），而不满意霍布士的唯物论里"感觉失去了它的光辉而变为几何学家的抽象感觉，唯物论变成了厌世论"。在这里物的感性的质、光、色、声、热等不是物质所固有的了，光、色、声中的美更成了主观的东西。于是世界成了灰白色的骸骨，机械的死的过程。恩格斯也主张我们的思想要像一面镜子，如实地反映这多彩的世界。美是存在着的！世界是美的，生活是美的。它和真和善是人类社会努力的目标，是哲学探索和建立的对象。

美不但是不以我们的意志为转移的客观存在，反过来，它影响着我们，教育着我们，提高生活的境界和意趣。它的力量更大了，它也可以倾国倾城。希腊大诗人荷马的著名史诗《伊利亚特》歌咏希腊联军围攻特罗亚九年，为的是夺回美人海伦，而海伦的美叫他们感到九年的辛劳和牺牲不是白费的。现在引述这一段名句：

> 特罗亚长老们也一样的高踞城雉，
> 当他们看见了海伦在城垣上出现，
> 老人们便轻轻低语，彼此交谈机密：
> "怪不得特罗亚人和坚胫甲阿开人，
> 为了这个女人这么久忍受苦难呢，
> 她看来活像一个青春长驻的女神。
> 可是，尽管她多美，也让她乘船去吧，
> 别留这里给我们子子孙孙做祸根。"
>
> ——（引自缪朗山译《伊利亚特》）

荷马不用浓丽的词藻来描绘海伦的容貌，而从她的巨大的惨酷的影响和力量轻轻地点出她的倾国倾城的美。这是他的艺术高超处，也是后人所赞叹不已的。

我们寻到美了吗？我说，我们或许接触到美的力量，肯定了她的存在，而她的无限的丰富内涵却是不断地待我们去发现。千百年来的诗人艺术家已经发现了不少，保藏在他们的作品里，千百年后的世界仍会有新的表现。每一个造出新节奏来的人，就是拓展了我们的感情并使它更为高明的人！

目 录

1 · 第一讲 美学的散步
17 · 第二讲 美学与艺术略谈
23 · 第三讲 艺术生活
29 · 第四讲 论文艺的空灵与充实
41 · 第五讲 略论文艺与象征

47 · 第六讲 艺术与中国社会
53 · 第七讲 中国文化的美丽精神往哪里去
59 · 第八讲 中国艺术意境之诞生
87 · 第九讲 中国艺术表现里的虚和实
95 · 第十讲 中国诗画中所表现的空间意识

125 ·	第十一讲	中国书法里的美学思想
159 ·	第十二讲	中国古代的音乐寓言与音乐思想
183 ·	第十三讲	论中西画法的渊源与基础
203 ·	第十四讲	论《世说新语》和晋人的美
233 ·	第十五讲	略谈敦煌艺术的意义和价值

239 ·	第十六讲	希腊哲学家的艺术理论
253 ·	第十七讲	文艺复兴的美学思想
263 ·	第十八讲	康德美学思想评述
293 ·	第十九讲	看了罗丹雕刻以后
303 ·	第二十讲	我所爱于莎士比亚的

第一讲 美学的散步

小言

  散步是自由自在、无拘无束的行动，它的弱点是没有计划，没有系统。看重逻辑统一性的人会轻视它，讨厌它，但是西方建立逻辑学的大师亚里士多德的学派却唤作"散步学派"，可见散步和逻辑并不是绝对不相容的。中国古代一位影响不小的哲学家——庄子，他好像整天是在山野里散步，观看着鹏鸟、小虫、蝴蝶、游鱼，又在人间世里凝视一些奇形怪状的人：驼背、跛脚、四肢不全、心灵不正常的人，很像意大利文艺复兴时大天才达·芬奇在米兰街头散步时速写下来的一些"戏画"，现在竟成为"画院的奇葩"。庄子文章里所写的那些奇特人物大概就是后来唐、宋画家画罗汉时心目中的范本。

  散步的时候可以偶尔在路旁折到一枝鲜花，也可以在路上拾起别人弃之不顾而自己感兴趣的燕石。

  无论鲜花或燕石，不必珍视，也不必丢掉，放在桌上可以做散步后的回念。

诗（文学）和画的分界

苏东坡论唐朝大诗人兼画家王维（摩诘）的《蓝田烟雨图》说：

> 味摩诘之诗，诗中有画；观摩诘之画，画中有诗。诗曰："蓝溪白石出，玉山红叶稀，山路元无雨，空翠湿人衣。"此摩诘之诗也。或曰："非也，好事者以补摩诘之遗。"

以上是东坡的话，所引的那首诗，不论它是不是好事者所补，把它放到王维和裴迪所唱和的辋川绝句里去是可以乱真的。这确是一首"诗中有画"的诗。"蓝溪白石出，玉山红叶稀"，可以画出来成为一幅清奇冷艳的画，但是"山路元无雨，空翠湿人衣"二句，却是不能在画面上直接画出来的。假使刻舟求剑似的画出一个人穿了一件湿衣服，即使不难看，也不能把这种意味和感觉像这两句诗那样完全传达出来。好画家可以设法暗示这种意味和感觉，却不能直接画出来。这位补诗的人也正是从王维这幅画里体会到这种意味和感觉，所以用"山路元无雨，空翠湿人衣"这两句诗来补足它。这幅画上可能并不曾画有人物，那会更好的暗示这感觉和意味。而另一位诗人可能体会不同而写出别的诗句来。画和诗毕竟是两回事。诗中可以有画，像头两句里所写的，但诗不全是画。而那不能直接画出来的后两句恰正是"诗中之诗"，正是构成这首诗是诗而不是画的精要部分。

然而那幅画里若不能暗示或启发人写出这诗句来，它可能是一张很好的写实照片，却又不能成为真正的艺术品——画，更不是大诗画家王维的画了。这"诗"和"画"的微妙的辩证关系不是值得我们深思探索的吗？

宋朝文人晁以道有诗云："画写物外形，要物形不改，诗传画外意，贵有画中态。"这也是论诗画的离合异同。画外意，待诗来传，才能圆满，诗里具有画所写的形态，才能形象化、具体化，不至于太抽象。

但是王安石《明妃曲》诗云："意态由来画不成，当时枉杀毛延寿。"他是个喜欢做翻案文章的人，然而他的话是有道理的。美人的意态确是难画出的，东施以活人来效颦西施尚且失败，何况是画家调脂弄粉。那画不出的"巧笑倩兮，美目盼兮"，古代诗人随手拈来的这两句诗，却使孔子以前的中国美人如同在我们眼面前。达·芬奇用了四年工夫画出蒙娜丽莎的美目巧笑，在该画初完成时，当也能给予我们同样新鲜生动的感受。现在我却觉得我们古人这两句诗仍是千古如新，而油画受了时间的侵蚀，后人的补修，已只能令人在想象里追寻旧影了。我曾经坐在原画前默默领略了一小时，口里念着我们古人的诗句，觉得诗启发了画中意态，画给予诗以具体形象，诗画交辉，意境丰满，各不相下，各有千秋。

达·芬奇在这画像里突破了画和诗的界限，使画成了诗。谜样的微笑，勾引起后来无数诗人心魂震荡，感觉这双妙目巧笑，深远如海，味之不尽，天才真是无所不可。但是画和诗的分界仍是不能泯灭的，也是不应该泯灭的，各有各的特殊表现力和表现领域。探索这微妙的分界，正是近代美学开创时为自己提出了的任务。

十八世纪德国思想家莱辛开始提出这个问题，发表他的美学名著《拉奥孔或论画和诗的分界》。但《拉奥孔》却是主要地分析着希腊晚期一座雕像群，拿它代替了对画的分析，雕像同画同是空间里的造型艺术，本可相通。而莱辛所说的诗也是指的戏剧和史诗，这是我们要记住的。因为我们谈到诗往往是偏重抒情诗。固然这也是相通的，同是属于在时间里表现其境界与行动的文学。

拉奥孔（Laokoon）是希腊古代传说里特罗亚城一个祭师，他对他的人民警告了希腊军用木马偷运兵士进城的诡计，因而触怒了袒护希腊人的阿波罗神。当他在海滨祭祀时，他和他的两个儿子被两条从海边游来的大蛇捆绕着他们三人的身躯，拉奥孔被蛇咬着，环视两子正在垂死挣扎，他的精神和肉体都陷入莫大的悲愤痛苦之中。拉丁诗人维琪尔曾在史诗中咏述此景，说拉奥孔痛极狂吼，声震数里，但是发掘出来的希腊晚期雕像群著名的拉奥孔（现存罗马梵蒂冈博物院），却表现着拉奥孔的嘴仅微微启开呻吟着，并不是狂吼，全部雕像给人的印象是在极大的悲剧的苦痛里保持着镇定、静穆。德国的古代艺术史学者温克尔曼对这雕像群写了一段影响深远的描述，影响着歌德及德国许多古典作家和美学家，掀起了纷纷的讨论。现在我先将他这段描写介绍出来，然后再谈莱辛由此所发挥的画和诗的分界。

温克尔曼（Winckelmann，1717—1768）在他的早期著作《关于在绘画和雕刻艺术里模仿希腊作品的一些意见》里曾有下列一段论希腊雕刻的名句：

> 希腊杰作的一般主要的特征是一种高贵的单纯和一种静穆的伟大，既在姿态上，也在表情里。
>
> 就像海的深处永远停留在静寂里，不管它的表面多么狂涛汹涌，在希腊人的造像里那表情展示一个伟大的沉静的灵魂，尽管是处在一切激情里面。
>
> 在极端强烈的痛苦里，这种心灵描绘在拉奥孔的脸上，并且不单是在脸上。在一切肌肉和筋络所展现的痛苦，不用向脸上和其他部分去看，仅仅看到那因痛苦而向内里收缩着的下

半身，我们几乎会在自己身上感觉着。然而这痛苦，我说，并不曾在脸上和姿态上用愤激表示出来。他没有像维琪尔在他拉奥孔（诗）里所歌咏的那样喊出可怕的悲吼，因嘴的孔穴不允许这样做（白华按：这是指雕像的脸上张开了大嘴，显示一个黑洞，很难看，破坏了美），这里只是一声畏怯的敛住气的叹息，像沙多勒所描写的。

身体的痛苦和心灵的伟大是经由形体全部结构用同等的强度分布着，并且平衡着。拉奥孔忍受着，像索福克勒斯（Sophocles）的菲诺克太特（Philoctetes）：他的困苦感动到我们的深心里，但是我们愿望也能够像这个伟大人格那样忍耐困苦。一个这样伟大心灵的表情远远超越了美丽自然的构造物。艺术家必须先在自己内心里感觉到他要印入他的大理石里的那精神的强度。希腊具有集合艺术家与圣哲于一身的人物，并且不止一个梅特罗多。智慧伸手给艺术而将超俗的心灵吹进艺术的形象。

莱辛认为温克尔曼所指出的拉奥孔脸上并没有表示人所期待的那强烈苦痛的疯狂表情，是正确的。但是温克尔曼把理由放在希腊人的智慧克制着内心感情的过分表现上，这是他所不能同意的。

肉体遭受剧烈痛苦时大声喊叫以减轻痛苦，是合乎人情的，也是很自然的现象。希腊人的史诗里毫不讳言神们的这种人情味。维纳斯（美丽的爱神）玉体被刺痛时，不禁狂叫，没有时间照顾到脸相的难看了。《荷马史诗》里战士受伤倒地时常常大声叫痛。照他们的事业和行动来看，他们是超凡的英雄；照他们的感觉情绪来看，他们仍是真实的人。所以拉奥孔在希腊雕像上那样微呻不是由于希腊人的品德如此，而应当到各种艺术的材料的不同，表现可能性的不同和它们的限制里去找它的理由。莱辛在他的《拉奥孔》里说：

> 有一些激情和某种程度的激情，它们经由极丑的变形表现出来，以至于将整个身体陷入那样勉强的姿态里，使他在静息状态里具有的一切美丽线条都丧失掉了。因此古代艺术家完全避免这个，或是把它的程度降低下来，使它能够保持某种程度的美。
>
> 把这思想运用到拉奥孔上，我所追寻的原因就显露出来了。那位巨匠是在所假定的肉体的巨大痛苦情况下企图实现最高的美。在那丑化着一切的强烈情感里，这痛苦是不能和美相结合的。巨匠必须把痛苦降低些；他必须把狂吼软化为叹息；并不是因为狂吼暗示着一个不高贵的灵魂，而是因为它把脸相在一难堪的样式里丑化了。人们只要设想拉奥孔的嘴大大张开着而评判一下。人们让他狂吼着再看看……

莱辛的意思是：并不是道德上的考虑使拉奥孔雕像不像在史诗里那样痛极大吼，而是雕刻的物质的表现条件在直接观照里显得不美（在史诗里无此情况），因而雕刻家（画家也一样）须将表现的内容改动一下，以配合造型艺术由于物质表现方式所规定的条件。这是各种艺术的特殊的内在规律，艺术家若不注意它，遵守它，就不能实现美，而美是艺术的特殊目的。若放弃了美，艺术可以供给知识，宣扬道德，服务于实际的某一目的，但不是艺术了。艺术须能表现人生的有价值的内容，这是无疑的。但艺术作为艺术而不是文化的其他部门，它就必须同时表现美，把生活内容提高、集中、精粹化，这是它的任务。根据这个任务各种艺术因物质条件不同就具有了各种不同的内在规律。拉奥孔在史诗里可以痛极大吼，声闻数里，而在雕像里却变成小口微呻了。

莱辛这个创造性的分析启发了以后艺术研究的深入，奠定了艺术科学的方向，虽然他自己的研究仍是有局限性的。造型艺术和文学的界限并不如他所说的那样窄狭、严格，艺术天才往往突破规律而有所成就，开辟新领域、新境界。罗丹就曾创造了疯狂大吼、躯体扭曲、失了一切美的线纹的人物，而仍不失为艺术杰作，创造了一种新的美。但莱辛提出问题是好的，是需要进一步做科学的探讨的，这是构成美学的一个重要部分。所以近代美学家颇有用《新拉奥孔》标名他的著作的。

我现在翻译他的《拉奥孔》里一段具有代表性的文字，论诗里和造型艺术里的身体美，这段文字可以献给朋友在美学散步中做思考资料。莱辛说：

身体美是产生于一眼能够全面看到的各部分协调的结果。因此要求这些部分相互并列着，而这各部分相互并列着的事物正是绘画的对象。所以绘画能够、也只有它能够摹绘身体的美。

诗人只能将美的各要素相继地指说出来，所以他完全避免对身体的美作为美来描绘。他感觉到把这些要素相继地列数出来，不可能获得像它并列时那种效果，我们若想根据这相继地一一指说出来的要素而向它们立刻凝视，是不能给予我们一个统一的协调的图画的。要想构想这张嘴和这个鼻子和这双眼睛集在一起时会有怎样一个效果是超越了人的想象力的，除非人们能从自然里或艺术里回忆到这些部分组成的一个类似的结构（白华按：读"巧笑倩兮"……时不用做此笨事，不用设想是中国或西方美人而情态如见，诗意具足，画意也具足）。

在这里，荷马常常是模范中的模范。他只说，尼蕊斯是美的，阿奚里更美，海伦具有神仙似的美。但他从不陷落到这些美的周密的啰嗦的描述。他的全诗可以说是建筑在海伦的美上面的，一个近代的诗人将要怎样冗长地来叙说这美呀！

但是如果人们从诗里面把一切身体美的画面去掉，诗不会损失过多少？谁要把这个从诗里去掉？当人们不愿意它追随一个姊妹艺术的脚步来达到这些画面时，难道就关闭了一切别的道路了吗？正是这位荷马，他这样故意避免一切片断地描绘身体美的，以至于我们在翻阅时很不容易地有一次获悉海伦具有雪白的臂膀和金色的头发（《伊利亚特》Ⅳ，第319行），正是这位诗人他仍然懂得使我们对她的美获得一个概念，而这一美的概念是远远超过了艺术在这企图中所能达到的。人们试回忆诗中那一段，当海伦到特罗亚人民的长老集会面前，那些尊贵的长老瞥见她时，一个对一个耳边说：

"怪不得特罗亚人和坚胫甲开人，为了这个女人这么久忍受苦难呢，她看来活像一个青春常驻的女神。"

还有什么能给我们一个比这更生动的美的概念，当这些冷静的长老也承认她的美是值得这一场流了这许多血，洒了那么多泪的战争的呢？

凡是荷马不能按照着各部分来描绘的，他让我们在它的影响里来认识。诗人呀，画出那"美"所激起的满意、倾倒、爱、喜悦，你就把美自身画出来了。谁能构想莎弗所爱的那个对方是丑陋的，当莎茀承认她瞥见他时丧魂失魄。谁不相信是看到了美的完满的形体，当他对于这个形体所激起的情感产生了同情。

文学追赶艺术描绘身体美的另一条路，就是这样：它把"美"转化作魅惑力。魅惑力就是美在"流动"之中。因此它对于画家不像对于诗人那么便当。画家只能叫人猜到"动"，事实上他的形象是不动的。因此在它那里魅惑力会变成了做鬼脸。但是在文学里魅惑力是魅惑力，它是流动的美，它来来去去，我们盼望能再度地看到它。又因为我们一般地能够较为容易地生动地回忆"动作"，超过单纯的形式或色彩，所以魅惑力较之"美"在同等的比例中对我们的作用要更强烈些。

甚至于安拉克耐翁（希腊抒情诗人），宁愿无礼貌地请画家无所作为，假使他不拿魅惑力来赋予他的女郎的画像，使她生动。"在她的香腮上一个酒窝，绕着她的玉颈一切的爱娇浮荡着"（《颂歌》第二十八）。他命令艺术家让无限的爱娇环绕着她的温柔的腮，云石般的颈项！照这话的严格的字义，这怎样办呢？这是绘画所不能做到的。画家能够给予腮巴最艳丽的肉色；但此外他就不能再有所作为了。这美丽颈项的转折，肌肉的波动，那俊俏酒窝因之时隐时现，这类真正的魅惑力是超出了画家能力的范围了。诗人（指安拉克耐翁）是说出了他的艺术是怎样才能够把"美"对我们来形象化感性化的最高点,以便让画家能在他的艺术里寻找这个最高的表现。

这是对我以前所阐述的话一个新的例证,这就是说,诗人即使在谈论到艺术作品时,仍然是不受束缚于把他的描写保守在艺术的限制以内的(白华按:这话是指诗人要求画家能打破画的艺术的限制,表出诗的境界来,但照莱辛的看法,这界限仍是存在的)。

莱辛对诗(文学)和画(造型艺术)的深入的分析,指出它们的各自的局限性,各自的特殊的表现规律,开创了对于艺术形式的研究。

诗中有画,而不全是画,画中有诗,而不全是诗。诗画各有表现的可能性范围,一般地说来,这是正确的。

但中国古代抒情诗里有不少是纯粹的写景,描绘一个客观境界,不写出主体的行动,甚至于不直接说出主观的情感,像王国维在《人间词话》里所说的"无我之境",却充满了诗的气氛和情调。我随便拈一个例证并稍加分析。

唐朝诗人王昌龄一首题为《初日》的诗云:

初日净金闺,

先照床前暖。

斜光入罗幕，

稍稍亲丝管。

云发不能梳，

杨花更吹满。

  这诗里的境界很像一幅近代印象派大师的画，画里现出一座晨光射入的香闺，日光在这幅画里是活跃的主角，它从窗门跳进来，跑到闺女的床前，散发着一股温暖，接着穿进了罗帐，轻轻抚摩一下榻上的乐器——闺女所吹弄的琴瑟箫笙——枕上的如云的美发还散开着，杨花随着晨风春日偷进了闺房，亲昵地躲上那枕边的美发上。诗里并没有直接描绘这金闺少女（除非云发二字暗示着），然而一切的美是归于这看不见的少女的。这是多么艳丽的一幅油画呀！

  王昌龄这首诗，使我想起德国近代大画家门采尔的一幅油画（门采尔的素描1956年曾在北京展览过），那画上也是灿烂的晨光从窗门撞进了一间卧室，乳白的光辉浸漫在长垂的纱幕上，随着落上地板，又返跳进入穿衣镜，又从镜里跳出来，抚摸着椅背，我们感到晨风清凉，朝日温煦。室里的主人是在画面上看不见的，她可能是在屋角的床上坐着。（这晨风沁人，怎能还睡？）

太阳的光

洗着她早起的灵魂,

天边的月

犹似她昨夜的残梦。

——(《流云小诗》)

门采尔这幅画全是诗,也全是画;王昌龄那首诗全是画,也全是诗。诗和画里都是演着光的独幕剧,歌唱着光的抒情曲。这诗和画的统一不是和莱辛所辛苦分析的诗画分界相抵触吗?

我觉得不是抵触而是补充了它,扩张了它们相互的蕴涵。画里本可以有诗(苏东坡语),但是若把画里每一根线条,每一块色彩,每一条光,每一个形都饱吸着浓情蜜意,它就成为画家的抒情作品,像伦勃朗的油画,中国元人的山水。

诗也可以完全写景,写"无我之境"。而每句每字却反映出自己对物的抚摩,和物的对话,表出对物的热爱,像王昌龄的《初日》那样,那纯粹的景就成了纯粹的情,就是诗。

但画和诗仍是有区别的。诗里所咏的光的先后活跃,不能在画面上同时表出来,画家只能捉住意义最丰满的一刹那,暗示那活动的前因后果,在画面的空间里引进时间感觉。而诗像《初日》里虽然境界华美，却赶不上门采尔油画上那样光彩耀目，直射眼帘。然而由于诗叙写了光的活跃的先后曲折的历程，更能丰富着和加深着情绪的感受。

　　诗和画各有它的具体的物质条件，局限着它的表现力和表现范围，不能相代，也不必相代。但各自又可以把对方尽量吸进自己的艺术形式里来。诗和画的圆满结合（诗不压倒画，画也不压倒诗，而是相互交流交浸），就是情和景的圆满结合，也就是所谓"艺术意境"。我在十几年前曾写了一篇《中国艺术意境之诞生》（见本书），对中国诗和画的意境做了初步的探索，可以供散步的朋友们参考，现在不再细说了。

第二讲 美学与艺术略谈

近来我国新思潮中有种很可喜的现象，就是对于艺术的兴趣渐渐浓了。研究美学的人也有了。绍虞君介绍了"近世美学"，美学的书也到了中国了。不过我觉得一般普通人对于美学与艺术两个概念还有没有完全明白的，所以略微谈谈，借此引起多数人的了解与兴趣。

我曾遇着几位初听见美学这个名词的人，很不了解美学和艺术的分别，就问着我，我简单地答道："美学是研究'美'的学问，艺术是创造'美'的技能。当然是两件事。不过艺术也正是美学所研究的对象，美学同艺术的关系，譬如生物同生物学罢了。"这个答语实在过于笼统，我现在把美学和艺术的内容分开来说说。

一、美学的定义和内容

"美学"的英文Aesthetics，德文Ästhetik，源出于希腊的Oncotrnos，是关于感觉性的学问的意思。但是现代学者却差不多共定它是个"研究那由'美'或'非美'发生的感觉情绪的学科"。这个定义还嫌不概括,因为美学研究的内容还不止于此。我记得德国Meumann的经验美学中说,美学所研究的事物可分以下几门:

1.美感的客观的条件。从实验上研究那引起我们发生美感的客观物件的性质与法则。

2.美感的主观的条件。从实验心理学上研究那引起美感的主观心界的联想作用(Association)、空想作用、同感作用、静观作用（Contemplation），等等。

3.自然美与艺术创作美的研究。从这里研究真美的性质和法则。

4.人类史中艺术品创造的起源和进化。从这里研究人类艺术创造的性质和法则。

5.艺术天才的特性及其创造艺术的过程。研究古来大艺家的生平，从他生史或自传中考察他创造艺术时的心理作用及技艺的运用手段。

6.美育的问题。研究怎样使美术的感觉普遍到平民的社会生活和个人生活间。

这以上诸问题，都是美学所研究的对象。美学的内容已可窥见一斑了。总括言之，美学的主要内容就是：以研究我们人类美感的客观条件和主观分子为起点，以探索"自然"和"艺术品"的真美为中心，以建立美的原理为目的，以设定创造艺术的法则为应用。现代的经验美学就是走的这个道路。但是以前的美学却不然。以前的美学大都是附属于一个哲学家的哲学系统内，他里面"美"的概念是个形而上学的概念，是从那个哲学家的宇宙观里面分析演绎出来的。绍虞君的"近世美学"中已说及了，我可以不必再说。

二、艺术的定义和内容

艺术就是"人类的一种创造的技能，创造出一种具体的客观的感觉中的对象，这个对象能引起我们精神界的快乐，并且有悠久的价值"。这是就客观方面言，若就主观方面——艺术家的方面——说，艺术就是艺术家的理想情感的具体化，客观化，所谓自己表现（self-expression）。所以艺术的目的并不是在实用，乃是在纯洁的精神的快乐，艺术的起源并不是理性知识的构造，乃是一个民族精神或一个天才的自然冲动的创作。它处处表现民族性或个性。艺术创造的能力乃是根于天成，虽能受理性学识的指导与扩充，但不是专由学术所能造成或完满的。艺术的源泉是一种极强烈深浓的，不可遏止的情绪，挟着超越寻常的想象能力。这种由人性最深处发生的情感，刺激着那想象能力到不可思议的强度，引导着他直觉到普通理性所不能概括的境界，在这一刹那间产生的许多复杂的感想情绪的联络组织，便成了一个艺术创作的基础。

艺术的性质，古来说者不一，亚里士多德说"艺术是模仿自然"，这话现在已不能完全成立。因艺术虽是需用自然的材料，借以表现，或且取自然的现象做象征，取自然的形体做描写的对象，但他绝不是一味地模仿自然，他自体是一种自由的创造。他从那艺术家的理想情感里发展进化到一个完满的艺术品，也就同一个生物细胞发展进化到一个完全的生物一样。所以我向来的观察，以为艺术并不是模仿自然，因它自己就是一段自然的实现。艺术家创造一个艺术品的过程，就是一段自然创造的过程。并且是一种最高级的、最完满的，自然创造的过程。因为艺术是选择自然间最适宜的材料，加以理想化，精神化，使它成了人类最高精神的自然的表现。其实各种艺术与自然的关系也很不同。譬如建筑艺术在它建作一方面就纯粹不是取象于自然，乃是随顺着几何学比例（Geometrical progression）的法则。音乐也不是取象于自然。抒情诗更不是模仿自然，它纯粹是抒写主观的情绪。

各种艺术中所需用的自然的材料的量也很不齐。譬如，音乐所凭借的物质材料就远不及建筑。诗歌的词句与音节更是完全精神化了（言语不是思想的内容，乃是思想的符号）。总之，愈进化愈高级的艺术，所凭借的物质材料愈减少。到了诗歌造其极。所以诗歌是艺术中之女王，艺术是自然中最高级的创造，最精神化的创造。就实际讲来，艺术本就是人类——艺术家——精神生命的向外的发展，贯注到自然的物质中，使它精神化，理想化。

以上我把我所知道的，所理想的艺术的内容粗略说了。现在再将艺术的门类说一下，做我这篇短论的结束。我们可以按照各种艺术所凭借以表现的感觉分别艺术的门类如下：

1. 目所见的空间中表现的造型艺术：建筑、雕刻、图画。

2. 耳所闻的时间中表现的音调艺术：音乐、诗歌。

3. 同时在空间时间中表现的拟态艺术：跳舞、戏剧。

第三讲

艺术生活——艺术生活与同情

你想要了解"光"吗?

你可曾同那疏林透射的斜阳共舞?

你可曾同那黄昏初现的冷月齐颤?

你可曾同那蓝天闪闪的星光合奏?

你想了解"春"吗?

你的心琴可有那蝴蝶翅的翩翩情致?

你的歌曲可有那黄莺儿的千啭不穷?

你的呼吸可有那玫瑰粉的一缕温馨?

诸君!艺术的生活就是同情的生活呀!无限的同情对于自然,无限的同情对于人生,无限的同情对于星天云月,鸟语泉鸣,无限的同情对于死生离合,喜笑悲啼。这就是艺术感觉的发生,这也是艺术创造的目的!

诸君!我们这个世界,本是一个物质的世界,本是一个冷酷的世界。你看,大宇长宙的中间何等黑暗呀!何等森寒呀!但是,它能进化、能活动、能创造，这是什么缘故呢？因为它有"光"，因为它有"热"！

诸君！我们这个人生，本是一个机械的人生，本是一个自利的人生。你看，社会民族中间何等黑暗呀！何等森寒呀！但是，它也能进化、能活动、能创造，这是什么缘故呢？因为它有"情"，因为它有"同情"！

同情是社会结合的原始，同情是社会进化的轨道，同情是小己解放的第一步，同情是社会协作的原动力。我们为人生向上发展计，为社会幸福进化计，不可不谋人类"同情心"的涵养与发展。哲学家和科学家，兢兢然求人类思想见解的一致，宗教家与伦理学家，兢兢然求人类意志行为的一致，而真能结合人类情绪感觉的一致者，厥唯艺术而已。一曲悲歌，千人泣下；一幅画境，行者驻足，世界上能熔化人感觉情绪于一炉者，能有过于美术的吗？美感的动机，起于同感。我们读一首诗，如不能设身处地，直感那诗中的境界，则不能了解那首诗的美。我们看一幅画，如不能神游其中，如历其境，则不能了解这幅画的美。我们在朝阳中看见了一枝带露的花，感觉着它生命的新鲜，生意的无尽，自由发展，无所挂碍，便觉得有无穷的不可言说的美。

譬如两张琴，弹了一琴的一弦，别张琴上，同音的弦，方能共鸣。自然中间美的谐和，艺术中间美的音乐，也唯有同此弦音，方能合奏。所以，有无穷的美，深藏若虚，唯有心人，乃能得之。

但是，我们心琴上的弦音，本来色彩无穷，一个艺术家果能深透心理，扣着心弦，聊歌一曲，即得共鸣。所以艺术的作用，即是能使社会上大多数的心琴，同入于一曲音乐而已。

这话怎讲？我们知道，一个学术思想，还很不难得全社会的赞同。因为思想，可以根据事实，解决是非。我们又知道，一件事业举动，也还不难得全社会的同情。因为事业，可以根据利害，决定从违。这两种都有客观的标准，不难强令社会于一致。但是，说到情绪感觉上的事，却是极为主观，很难一致的了。我以为美的，你或者以为丑。你以为甘的，我或者以为苦。并且，各有其实际，绝不能强以为同。所以，情绪感觉，不是争辩的问题，乃是直觉自决的问题。但是，一个社会中感情完全不一致，却又是社会的缺憾与危机。因为"同情"本是维系社会最重要的工具。同情消灭，则社会解体。

艺术的目的是融社会的感觉情绪于一致，譬如一段人生，一幅自然，各人遇之，因地位关系之差别，感觉情绪，毫不相同。但是，这一段人生，若是描写于小说之中，弹奏于音乐之里，这一幅自然，若是绘画于图册之上，歌咏于情词之中，则必引起全社会的注意与同感，而最能使全社会情感荡漾于一波之上者，尤莫如音乐。所以，中国古代圣哲极注重"乐教"。他们知道，唯有音乐，能调和社会的情感,坚固社会的组织。

不单是艺术的目的,是谋社会同情心的发展与巩固。本来,艺术的起源,就是由人类社会"同情心"的向外扩张到大宇宙自然里去。法国哲学家居友(Guyau)①在他的名著《艺术为社会现象》中,论之甚详。我们人群社会中,所以能结合与维持者,是因为有一种社会的同情。我们根据这种同情,觉着全社会人类都是同等,都是一样的情感嗜好,爱恶悲乐。同我之所以为"我",没有什么大分别。于是,人我之界不严,有时以他人之喜为喜,以他人之悲为悲。看见他人的痛苦,如同身受。这时候,小我的范围解放,人于社会大我之圈,和全人类的情绪感觉一致颤动,古来的宗教家如释迦、耶稣,一生都在这个境界中。

但是,我们这种对于人类社会的同情,还可以扩充张大到普遍的自然中去。因为自然中也有生命,有精神,有情绪感觉意志,和我们的心理一样。你看一个歌咏自然的诗人,走到自然中间,看见了一枝花,觉得花能解语,遇着了一只鸟,觉得鸟亦知情,听见了泉声,以为是情调,会着了一丛小草,一片蝴蝶,觉得也能互相了解,悄悄地诉说他们的情,他们的梦,他们的想望。无论山水云

---

①居友,法国哲学家、诗人,快乐论美学的主要代表。主要著作有《一个哲学家的诗》《当代美学问题》《艺术为社会现象》等。

树，月色星光，都是我们有知觉、有感情的姊妹同胞。这时候，我们拿社会同情的眼光，运用到全宇宙里，觉得全宇宙就是一个大同情的社会组织，什么星呀，月呀，云呀，水呀，禽兽呀，草木呀，都是一个同情社会中间的眷属。这时候，不发生极高的美感么？这个大同情的自然，不就是一个纯洁的高尚的美术世界吗？诗人、艺术家，在这个境界中，无有不发生艺术的冲动，或舞歌或绘画，或雕刻创造，皆由于对于自然，对于人生，起了极深厚的同情，深心中的冲动，想将这个宝爱的自然，宝爱的人生，由自己的能力再实现一遍。

艺术世界的中心是同情，同情的发生由于空想，同情的结局入于创造。于是，所谓艺术生活者，就是现实生活以外一个空想的同情的创造的生活而已。

第四讲

论文艺的空灵与充实

周济（止庵）《宋四家词选》里论作词云："初学词求空，空则灵气往来！既成格调，求实，实则精力弥满。"

孟子曰："充实之谓美。"

从这两段话里可以建立一个文艺理论，试一述之。

一切生活部门都有技术方面，想脱离苦海求出世间法的宗教家，当他修行证果的时候，也要有程序、步骤、技术，何况物质生活方面的事件？技术直接处理和活动的范围是物质界。它的成绩是物质文明，经济建筑在生产技术的上面，社会和政治又建筑在经济上面。然经济生产有待于社会的合作和组织，社会的推动和指导有待于政治力量。政治支配着社会，调整着经济，能主动，不必尽为被动的。这因果作用是相互的。政与教又是并肩而行，领导着全体的物质生活和精神生活。古代政教合一，政治的领袖往往同时是大教主、大祭师。现代政治必须有主义做基础，主义是现代人的宇宙观和信仰。然而信仰已经是精神方面的事，从物质界、事务界伸进精神界了。

人之异于禽兽者有理性、有智慧，他是知行并重的动物。知识研究的系统化，成科学。综合科学知识和人生智慧建立宇宙观、人生观，就是哲学。

哲学求真，道德或宗教求善，介乎二者之间表达我们情绪中的深境和实现人格的谐和的是"美"。

文学艺术是实现"美"的。文艺从它左邻"宗教"获得深厚热情的灌溉，文学艺术和宗教携手了数千年，世界最伟大的建筑雕塑和音乐多是宗教的。第一流的文学作品也基于伟大的宗教热情。《神曲》代表着中古的基督教。《浮士德》代表着近代人生的信仰。

文艺从它的右邻"哲学"获得深隽的人生智慧、宇宙观念，使它能执行"人生批评"和"人生启示"的任务。

艺术是一种技术，古代艺术家本就是技术家（手工艺的大匠）。现代及将来的艺术也应该特重技术。然而他们的技术不只是服役于人生（像工艺）而是表现着人生，流露着情感个性和人格的。

生命的境界广大，包括着经济、政治、社会、宗教、科学、哲学。这一切都能反映在文艺里。然而文艺不只是一面镜子，映现着世界，且是一个独立的自足的形相创造。它凭着韵律、节奏、形式的和谐、彩色的配合，成立一个自己的有情有相的小宇宙；这宇宙是圆满的、自足的，而内部一切都是必然性的，因此是美的。

文艺站在道德和哲学旁边能并立而无愧。它的根基却深深地植在时代的技术阶段和社会政治的意识上面,它要有土腥气,要有时代的血肉,纵然它的头须伸进精神的光明的高超的天空,指示着生命的真谛,宇宙的奥境。

文艺境界的广大,和人生同其广大;它的深邃,和人生同其深邃,这是多么丰富、充实!孟子曰:"充实之谓美。"这话当作如是观。

然而它又需超凡入圣,独立于万象之表,凭它独创的形相,范铸一个世界,冰清玉洁,脱尽尘滓,这又是何等的空灵?

空灵和充实是艺术精神的两元,先谈空灵!

一、空灵

艺术心灵的诞生,在人生忘我的一刹那,即美学上所谓"静照"。静照的起点在于空诸一切,心无挂碍,和世务暂时绝缘。这时一点觉心,静观万象,万象如在镜中,光明莹洁,而各得其所,呈现着它们各自的充实的、内在的、自由的生命,所谓万物静观皆自得。这自得的、自由的各个生命在静默里吐露光辉。苏东坡诗云:

> 静故了群动，
> 空故纳万境。

王羲之云：

> 在山阴道上行，
> 如在镜中游。

空明的觉心，容纳着万境，万境浸入人的生命，染上了人的性灵。所以周济说："初学词求空，空则灵气往来。"灵气往来是物象呈现着灵魂生命的时候，是美感诞生的时候。

所以美感的养成在于能空，对物象造成距离，使自己不沾不滞，物象得以孤立绝缘，自成境界：舞台的帘幕，图画的框廓，雕像的石座，建筑的台阶、栏杆，诗的节奏、韵脚，从窗户看山水、黑夜笼罩下的灯火街市、明月下的幽淡小景，都是在距离化、间隔化条件下诞生的美景。

李方叔词《虞美人》过拍云：

> 好风如扇雨如帘，

> 时见岸花汀草涨痕添。

李商隐词:

> 画檐簪柳碧如城，
> 一帘风雨里，
> 过清明。

风风雨雨也是造成间隔化的好条件，一片烟水迷离的景象是诗境，是画意。

中国画堂的帘幕是造成深静的词境的重要因素，所以词中常爱提到。韩持国的词句：

> 燕子渐归春悄，
> 帘幕垂清晓。

况周颐评之曰："境至静矣，而此中有人，如隔蓬山，思之思之，遂由静而见深。"

董其昌曾说："摊烛下作画，正如隔帘看月，隔水看花！"他们懂得"隔"字在美感上的重要。

然而这还是依靠外界物质条件造成的"隔"。更重要的还是心灵内部方面的"空"。司空图《诗品》里形容艺术的心灵当如"空潭泻春，古镜照神"，形容艺术人格为"落花无言，人淡如菊"，"神出古异，淡不可收"。艺术的造诣当"遇之匪深，即之愈稀"，"遇之自天，泠然希音"。

精神的淡泊，是艺术空灵化的基本条件。欧阳修说得最好："萧条淡泊，此难画之意，画家得之，览者未必识也。故飞动迟速，意浅之物易见，而闲和严静，趣远之心难形。"萧条淡泊，闲和严静，是艺术人格的心襟气象。这心襟，这气象能令人"事外有远致"，艺术上的神韵油然而生。陶渊明所爱的"素心人"，指的是这境界。他的一首《饮酒》诗更能表出诗人这方面的精神状态：

结庐在人境，而无车马喧。
问君何能尔，心远地自偏。
采菊东篱下，悠然见南山。
山气日夕佳，飞鸟相与还。
此中有真意，欲辨已忘言。

陶渊明爱酒，晋人王蕴说："酒正使人人自远。""自远"是心灵内部的距离化。

然而"心远地自偏"的陶渊明才能悠然见南山,并且体会到"此中有真意,欲辨已忘言"。可见艺术境界中的空并不是真正的空,乃是由此获得"充实",由"心远"接近到"真意"。

晋人王荟说得好:"酒正引人著胜地",这使人人自远的酒正能引人著胜地。这胜地是什么?不正是人生的广大、深邃和充实?于是谈"充实"!

二、充实

尼采说艺术世界的构成由于两种精神:一是"梦",梦的境界是无数的形象(如雕刻);一是"醉",醉的境界是无比的豪情(如音乐)。这豪情使我们体验到生命里最深的矛盾、广大的复杂的纠纷;"悲剧"是这壮阔而深邃的生活的具体表现。所以西洋文艺顶推重悲剧。悲剧是生命充实的艺术。西洋文艺爱气象宏大、内容丰满的作品。荷马、但丁、莎士比亚、塞万提斯、歌德,直到近代的雨果、巴尔扎克、斯丹达尔、托尔斯泰等,莫不启示一个悲壮而丰实的宇宙。

歌德的生活经历着人生各种境界,充实无比。杜甫的诗歌最为沉着深厚而有力,也是由于生活经验的充实和情感的丰富。

周济论词空灵以后主张:"求实,实则精力弥满。精力弥满则能赋情独深,冥发妄中,虽铺叙平淡,摹绘浅近,而万感横集,五中无主,读其篇者,临渊窥鱼,意为鲂鲤,中宵惊电,罔识东西,赤子随母啼笑,乡人缘剧喜怒。"这话真能形容一个内容充实的创作给我们的感动。

司空图形容这壮硕的艺术精神说:"天风浪浪,海山苍苍。真力弥满,万象在旁。""返虚入浑,积健为雄。""生气远出,不著死灰。妙造自然,伊谁与裁。""是有真宰,与之浮沉。""吞吐大荒,由道反气。""与道适往,著手成春。""行神如空,行气如虹!"艺术家精力充实,气象万千,艺术的创造追随真宰的创造。

> 黄子久(元代大画家)终日只在荒山乱石、丛木深筱中坐,意态忽忽,人不测其为何。又每往泖中通海处看急流轰浪,虽风雨骤至,水怪悲诧而不顾。

他这样沉酣于自然中的生活,所以他的画能"沉郁变化,与造化争神奇"。六朝时宗炳曾论作画云"万趣融其神思",不是画家这丰富心灵的写照吗?

中国山水画趋向简淡,然而简淡中包具无穷境界。倪云林画一树一石，千岩万壑不能过之。恽南田论元人画境中所含丰富幽深的生命说得最好：

> 元人幽秀之笔，如燕舞飞花，揣摹不得；如美人横波微盼，光采四射，观者神惊意丧，不知其何以然也。
>
> 元人幽亭秀木自在化工之外一种灵气。惟其品若天际冥鸿，故出笔便如哀弦急管，声情并集，非大地欢乐场中可得而拟议者也。

哀弦急管，声情并集，这是何等繁复热闹的音乐，不料能在元人一树一石、一山一水中体会出来，真是不可思议。元人造诣之高和南田体会之深，都显出中国艺术境界的最高成就！然而元人幽淡的境界背后仍潜隐着一种宇宙豪情。南田说："群必求同，求同必相叫，相叫必于荒天古木，此画中所谓意也。"

相叫必于荒天古木，这是何等沉痛超迈深邃热烈的人生情调与宇宙情调？这是中国艺术心灵里最幽深、悲壮的表现了吧？

叶燮在《原诗》里说："可言之理，人人能言之，又安在诗人之言之；可征之事，人人能述之，又安在诗人之述之，必有不可言之理，不可述之事，遇之于默会意象之表，而理与事无不灿然于前者也。"

这是艺术心灵所能达到的最高境界！由能空、能舍，而后能深、能实，然后宇宙生命中一切理一切事无不把它的最深意义灿然呈露于前。"真力弥满"，则"万象在旁"，"群籁虽参差，适我无非新"（王羲之诗）。

综上所述，可见中国文艺在空灵与充实两方都曾尽力，达到极高的成就。所以中国诗人尤爱把森然万象映射在太空的背景上，境界丰实空灵，像一座灿烂的星天！

王维诗云："徒然万象多，澹尔太虚缅。"

韦应物诗云："万物自生听，大空恒寂寥。"

第五讲

略论文艺与象征

诗人艺术家在这人间世，可具两种态度：醉和醒。醒者张目人间，寄情世外，拿极客观的胸襟"漱涤万物，牢笼百态"（柳宗元语），他的心像一面清莹的镜子，照射到街市沟渠里面的污秽，却同时也映着天光云影，丽日和风！世间的光明与黑暗，人心里的罪恶与圣洁，一体显露，并无差等。所谓"赋家之心，包括宇宙"，人情物理，体会无遗。英国的莎士比亚，中国的司马迁，都会留下"一个世界"给我们，使我们体味不尽。他们的"世界"虽是匠心的创造，却都是具有真情实理，生香活色，与自然造化一般无二。

然而他们究竟是大诗人，诗人具有别材别趣，尤贵具有别眼。包括宇宙的赋家之心反射出的仍是一个"诗心"所照临的世界。这个世界尽管十分客观，十分真实，十分清醒，终究蒙上了一层诗心的温情和智慧的光辉，使我们读者走进一个较现实更清朗更生动更深厚的富于启发性的世界。

所以诗人善醒，他能透彻人情物理，把握世界人生真境实相，散布着智慧，那由深心体验所获得的晶莹的智慧。

但诗人更要能醉，能梦。由梦由醉诗人方能暂脱世俗，起俗凡近，深深地深深地坠入这世界人生的一层变化迷离、奥妙惝恍的境地。古诗十九首，空乱道，归趣难穷，读之者回顾踌躇，百端交集，茫茫宇宙，渺渺人生，念天地之悠悠，独怆然而涕下；一种无可奈何的情绪，无可表达的沉思，无可解答的疑问，令人愈体愈深，文艺的境界邻近到宗教境界（欲解脱而不得解脱，情深思苦的境界）。

这样一个因体会之深而难以言传的境地，已不是明白清醒的逻辑文体所能完全表达。醉中语有醒时道不出的。诗人艺术家往往用象征的（比兴的）手法才能传神写照。诗人于此凭虚构象，象乃生生不穷；声调，色彩，景物，奔走笔端，推陈出新，迥异常境。戴叔伦说："诗家之境，如蓝田日暖，良玉生烟，可望而不可置于眉睫之间。"可望而不可置于眉睫之间，就是说艺术的艺境要和吾人具相当距离，迷离惝恍，构成独立自足，刊落凡近的美的意象，才能象征那难以言传的深心里的情和境。

所以最高的文艺表现，宁空毋实，宁醉毋醒。西洋最清醒的古典艺境，古希腊雕刻，也要在圆浑的肉体上留有清癯而不十分充满的境地，让人们心中手中波动一痕相思和期待。阿波罗神像在他极端清朗秀美的面庞上仍流动着沉沉的梦意在额眉眼角之间。

杜甫诗云"篇终接混茫"，有尽的艺术形象，须映在"无尽"的和"永恒"的光辉之中，"言在耳目之内，情寄八荒之表"。

一切生灭相，都是"永恒"的和"无尽"的象征。屈原、阮籍、左太冲、李白、杜甫，都曾登高远望，情寄八荒。陶渊明诗云"愿言蹑清风，高举寻吾契"，也未尝没有这"登高远望所思"（阮籍诗句）的浪漫情调。但是他又说："即事如已高，何必升华嵩？"这却是儒家的古典精神。这和他的"结庐在人境，而无车马喧"，同样表现出他那"即平凡即圣境"的深厚的人生情趣。无怪他"即事多所欣"，而深深地了解孔颜的乐处。

中国的诗人画家善于体会造化自然的微妙的生机动态。徐迪功所谓"朦胧萌坼，浑沌贞粹"的境界，画家发明水墨法，是想追蹑这朦胧萌坼的神化的妙境。米友仁（宋画家）自题潇湘图："夜雨欲霁，晓烟既泮，则其状类若此。"韦苏州（唐诗人）诗云"微雨夜来过，不知春草生"，都能深入造化之"几"，而以诗画表露出来。这种境界是深静的，是哲理的，是偏于清醒的，和古诗十九首的苍茫踌躇，百端交集，大不相同。然而同是人生的深境，同需要象征手法才能表达出来。

清初叶燮在《原诗》里说得好："要之，作诗者实写理，事情。可以言言，可以解解，即为俗儒之作。唯不可名言之理，不可施见之事，不可经达之情，则幽渺以为理，想象以为事，惝恍以为情，方为理至，事至，情至之语。"又说："可言之理，人人能言之，安在诗人之言之。可征之事，人人能述之，又安在诗人之述之，必有不可言之理，不可述之事，遇之于默会意象之表，而理与事无不灿然于前者也。"

他这话已经很透彻地说出文艺上象境境界的必要，以及它的技术，即"幽渺以为理，想象以为事，惝恍以为情"，然后运用声调，词藻，色彩，巧妙地烘染出来，使人默会于意象之表，寄托深而境界美。

第六讲

艺术与中国社会

孔子说："兴于诗，立于礼，成于乐。"这三句话挺简括地说出孔子的文化理想、社会政策和教育程序。王弼解释得好："言为政之次序也：夫喜惧哀乐，民之自然，感应而动，则发乎诗歌。所以陈诗采谣，以知民志风。既见其风，则损益基焉。故因俗立志，以达其礼也。矫俗检刑，民心未化，故感以乐声，以和其神也。"中国古代的社会文化与教育是拿诗书礼乐做根基。《礼记·王制》："乐正崇四术，立四教……春秋教以礼乐，冬夏教以诗书。"教育的主要工具、门径和方法是艺术文学。艺术的作用是能以感情动人，潜移默化培养社会民众的性格品德于不知不觉之中，深刻而普遍。尤以诗和乐能直接打动人心，陶冶人的性灵人格。而"礼"却在群体生活的和谐与节律中，养成文质彬彬的动作，步调的整齐，意志的集中。中国人在天地的动静，四时的节律，昼夜的来复，生长老死的绵延，感到宇宙是生生而具条理的。这"生生而条理"就是天地运行的大道，就是一切现象的体和用。孔子在川上曰："逝者如斯夫，不舍昼夜！"最能表出中国人这种"观吾生，观其生"（易观卜辞）的风度和境界。这种最高度的把握生命，和最深度的体验生命的精神境界，具体地贯注到社会实际生活里，使生活端庄流丽，成就了诗书礼乐的文化。但这境界，这"形而上的道"，也同时要能贯彻到形而下的器。器是人类生活的日用工具。人类能仰观俯察，构成宇宙观，会通形象物理，才能创作器皿，以为人生之用。器是离不开人生的，而人也成了离不开器皿工具的生物。而人类社会生活的高峰，礼和乐的生活，乃寄托和表现于礼器乐器。

礼和乐是中国社会的两大柱石。"礼"构成社会生活里的秩序条理。礼好像画上的线文勾出事物的形象轮廓，使万象昭然有序。孔子曰："绘事后素。""乐"涵润着群体内心的和谐与团结力。然而礼乐的最后根据，在于形而上的天地境界。《礼记》上说：

礼者，天地之序也；乐者，天地之和也。

人生里面的礼乐负荷着形而上的光辉，使现实的人生启示着深一层的意义和美。礼乐使生活上最实用的、最物质的衣食住行及日用品，升华进端庄流丽的艺术领域。三代的各种玉器，是从石器时代的石斧石磬等，升华到圭璧等的礼器乐器。三代的铜器，也是从铜器时代的烹调器及饮器等，升华到国家的至宝。而它们艺术上的形体之美，式样之美，花纹之美，色泽之美，铭文之美，集合了画家书家雕塑家的设计与模型，由冶铸家的技巧，而终于在圆满的器形上，表出民族的宇宙意识（天地境界）、生命情调，以至政治的权威、社会的亲和力。在中国文化里，从最低层的物质器皿，穿过礼乐生活，直达天地境界，是一片混然无间，灵肉不二的大和谐，大节奏。

因为中国人由农业进于文化，对于大自然是"不隔"的，是父子亲和的关系，没有奴役自然的态度。中国人对他的用具（石器铜器），不只是用来控制自然，以图生存，他更希望能在每件用品里面，表出对自然的敬爱，把大自然里启示着的和谐、秩序，它内部的音乐、诗，表显在具体而微的器皿中。一个鼎要能表象天地人。《诗律》里说：

诗者，天地之心。

《乐记》里说：

大乐与天地同和。

《孟子》曰：

>君子……上下与天地同流。

中国人的个人人格，社会组织以及日用器皿，都希望能在美的形式中，作为形而上的宇宙秩序，与宇宙生命的表征。这是中国人的文化意识，也是中国艺术境界的最后根据。

孔子是替中国社会奠定了"礼"的生活的。礼器里的三代彝鼎，是中国古典文学与艺术的观摩对象。铜器的端庄流丽，是中国建筑风格，汉赋唐律，四六文体，以至于八股文的理想型范。它们都倾向于对称，比例，整齐，谐和之美。然而，玉质的坚贞而温润，它们的色泽的空灵幻美，却领导着中国的玄思，趋向精神人格之美的表现。它的影响，显示于中国伟大的文人画里。文人画的最高境界，是玉的境界。倪云林画可为代表。不但古之君子比德于玉，中国的画，瓷器，书法，诗，七弦琴，都以精光内敛，温润如玉的美为意象。

然而，孔子更进一步求"礼之本"。礼之本在仁，在于音乐的精神。理想的人格，应该是一个"音乐的灵魂"。刘向《说苑》里有这么一段记载：

>孔子至齐郭门外，遇婴儿，其视精，其心正，其行端。孔子曰："趣驱之，趣驱之，韶乐将作！"

他在一个婴儿的灵魂里，听到他素所倾慕的韶乐将作（子在齐闻韶，三月不知肉味）。《说苑》上这段记载，虽未必可靠，却是极有意义的。可以想见孔子酷爱音乐的事迹已经谣传成为神话了。

　　社会生活的真精神在于亲爱精诚的团结，最能发扬和激励团结精神的是音乐！音乐使我们步调整齐，意志集中，团结的行动有力而美。中国人感到宇宙全体是大生命的流行，其本身就是节奏与和谐。人类社会生活里的礼和乐，是反射着天地的节奏与和谐。一切艺术境界都根基于此。

　　但西洋文艺自古希腊以来所富有的"悲剧精神"，在中国艺术里，却得不到充分的发挥，且往往被拒绝和闪躲。人性由剧烈的内心矛盾才能掘发出的深度，往往被浓挚的和谐愿望所淹没。固然，中国人心灵里并不缺乏他雍穆和平大海似的幽深，然而，由心灵的冒险，不怕悲剧，以窥探宇宙人生的危岩雪岭，发而为莎士比亚的悲剧，贝多芬的乐曲，这却是西洋人生波澜壮阔的造诣！

第七讲

中国文化的美丽精神往哪里去

印度诗哲太戈尔①在国际大学中国学院的小册里曾说过这几句话："世界上还有什么事情比中国文化的美丽精神更值得宝贵的？中国文化使人民喜爱现实世界，爱护备至，却又不致陷于现实得不近情理！他们已本能地找到了事物的旋律的秘密。不是科学权力的秘密，而是表现方法的秘密。这是极其伟大的一种天赋。因为只有上帝知道这种秘密。我实妒忌他们有此天赋，并愿我们的同胞亦能共享此秘密。"

太戈尔这几句话里包含着极精深的观察与意见，值得我们细加考察。

先谈"中国人本能地找到了事物的旋律的秘密"。东西古代哲人都曾仰观俯察探求宇宙的秘密。但古希腊及西洋近代哲人倾向于拿逻辑的推理、数学的演绎、物理学的考察去把握宇宙间质力推移的规律，一方面满足我们理知了解的需要，一方面导引西洋人，去控制物力，发明机械，利用厚生。西洋思想最后所获着的是科学权

---

①即泰戈尔。

力的秘密。

中国古代哲人却是拿"默而识之"的观照态度去体验宇宙间生生不已的节奏,太戈尔所谓旋律的秘密。《论语》上载:

> 子曰:"予欲无言!"子贡曰:"夫子不言,则小子何述焉?"
> 子曰:"天何言哉。四时行焉,百物生焉,天何言哉!"

四时的运行,生育万物,对我们展示着天地创造性的旋律的秘密。一切在此中生长流动,具有节奏与和谐。古人拿音乐里的五声配合四时五行,拿十二律分配于十二月(《汉书·律历志》),使我们一岁中的生活融化在音乐的节奏中,从容不迫而感到内部有意义有价值,充实而美。不像现在大都市的居民灵魂里,孤独空虚。英国诗人艾利略有"荒原"的慨叹。

不但孔子,老子也从他高超严冷的眼里观照着世界的旋律。他说:"致虚极,守静笃,万物并作,吾以观其复!"

活泼的庄子也说他"静而与阴同德,动而与阳同波",他把他的精神生命体合于自然的旋律。

孟子说他能"上下与天地同流"。荀子歌颂着天地的节奏:

列星随旋，日月递照，四时代御，阴阳大化，风雨博施，万物各得其和以生，各得其养以成。

　　我们不必多引了，我们已见到了中国古代哲人是"本能地找到了宇宙旋律的秘密"。而把这获得的至宝，渗透进我们的现实生活，使我们生活表现礼与乐里，创造社会的秩序与和谐。我们又把这旋律装饰到我们的日用器皿上，使形下之器启示着形上之道（即生命的旋律）。中国古代艺术特色表现在他所创造的各种图案花纹里，而中国最光荣的绘画艺术也还是从商周铜器图案、汉代砖瓦花纹里脱胎出来的呢！

　　"中国人喜爱现实世界，爱护备至，却又不致现实得不近情理。"我们在新石器时代从我们的日用器皿制出玉器，作为我们政治上、社会上及精神人格上美丽的象征物。我们在铜器时代也把我们的日用器皿，如烹饪的鼎、饮酒的爵等，制造精美，竭尽当时的艺术技能，它们成了天地境界的象征。我们对最现实的器具，赋予崇高的意义，优美的形式，使它们不仅仅是我们役使的工具，而是可以同我们对语、同我们情思往还的艺术境界。后来我们发展了瓷器（西人称我们是瓷国）。瓷器就是玉的精神的承续与光大，使我们在日常现实生活中能充满着玉的美。

　　但我们也曾得到过科学权力的秘密。我们有两大发明：火药同指南针。这两项发明到了西洋人手里，成就了他们控制世界的权力，陆上霸权与海上霸权，中国自己倒成了这霸权的牺牲品。我们发明着火药，用来创造奇巧美丽的烟火和鞭炮，使我一般民众在一年劳苦休息的时候，新年及春节里，享受平民式的欢乐。我们发明指南针，并不曾向海上取霸权，却让风水先生勘定我们庙堂、居宅及坟墓的地位和方向，使我们生活中顶重要的"住"，能够选择优美适当的自然环境，"居之安而资之深"。我们到郊外，看那山环水抱的亭台楼阁，如入图画。中国建筑能与自然背景取得最完美的调协，而且用高耸天际的层楼飞檐及环拱柱廊、栏杆台阶的虚实节奏，昭示出这一片山水里潜流的旋律。

漆器也是我们极早的发明，使我们的日用器皿生光辉，有情韵。最近沈福文君引用古代各时期图案花纹到他设计的漆器里，使我们再能有美丽的器皿点缀我们的生活，这是值得兴奋的事。但是要能有大量的价廉的生产，使一般人民都能在日常生活中时时接触趣味高超、形制优美的物质环境，这才是一个民族的文化水平的尺度。

中国民族很早发现了宇宙旋律及生命节奏的秘密，以和平的音乐的心境爱护现实，美化现实，因而轻视了科学工艺征服自然的权力。这使我们不能解救贫弱的地位，在生存竞争剧烈的时代，受人侵略，受人欺侮，文化的美丽精神也不能长保了，灵魂里粗野了，卑鄙了，怯懦了，我们也现实得不近情理了。我们丧尽了生活里旋律的美（盲动而无秩序）、音乐的境界（人与人之间充满了猜忌、斗争）。一个最尊重乐教、最了解音乐价值的民族没有了音乐。这就是说没有了国魂，没有了构成生命意义、文化意义的高等价值。中国精神应该往哪里去？

近代西洋人把握科学权力的秘密（最近如原子能的秘密），征服了自然，征服了科学落后的民族，但不肯体会人类全体共同生活的旋律美，不肯"参天地，赞化育"，提携全世界的生命，演奏壮丽的交响乐，感谢造化宣示给我们的创化机密，而以厮杀之声暴露人性的丑恶，西洋精神又要往哪里去？哪里去？这都是引起我们惆怅、深思的问题。

第八讲 中国艺术意境之诞生

引言

　　世界是无穷尽的，生命是无穷尽的，艺术的境界也是无穷尽的。"适我无非新"（王羲之诗句），是艺术家对世界的感受。"光景常新"，是一切伟大作品的烙印。"温故而知新"，却是艺术创造与艺术批评应有的态度。历史上向前一步的进展，往往是伴着向后一步的探本穷源。李、杜的天才，不忘转益多师。十六世纪的文艺复兴追摹着希腊，十九世纪的浪漫主义憧憬着中古。二十世纪的新派且溯源到原始艺术的浑朴天真。

　　现代的中国站在历史的转折点。新的局面必将展开。然而我们对旧文化的检讨，以同情的了解给予新的评价，也更形重要。就中国艺术方面——这中国文化史上最中心最有世界贡献的一方面——研寻其意境的特构，以窥探中国心灵的幽情壮采，也是民族文化的自省工作。希腊哲人对人生指示说："认识你自己！"近代哲人对我们说："改造这世界！"为了改造世界，我们先得认识。

一、意境的意义

龚定庵在北京,对戴醇士说:"西山有时渺然隔云汉外,有时苍然堕几席前,不关风雨晴晦也!"西山的忽远忽近,不是物理学上的远近,乃是心中意境的远近。

方士庶在《天慵庵随笔》里说:"山川草木,造化自然,此实境也。因心造境,以手运心,此虚境也。虚而为实,是在笔墨有无间,——故古人笔墨具此山苍树秀,水活石润,于天地之外,别构一种灵奇。或率意挥洒,亦皆炼金成液,弃滓存精,曲尽蹈虚揖影之妙。"中国绘画的整个精粹在这几句话里。本文的千言万语,也只是阐明此语。

恽南田《题洁庵图》说:"谛视斯境,一草一树,一丘一壑,皆洁庵(指唐洁庵)灵想之所独辟,总非人间所有。其意象在六合之表,荣落在四时之外。将以尻轮神马,御泠风以游无穷。真所谓藐姑射之山,汾水之阳,尘垢秕糠,绰约冰雪。时俗龌龊,又何能知洁庵游心之所在哉!"

画家诗人"游心之所在",就是他独辟的灵境,创造的意象,作为他艺术创作的中心之中心。

什么是意境？人与世界接触，因关系的层次不同，可有五种境界：（1）为满足生理的物质的需要，而有功利境界；（2）因人群共存互爱的关系，而有伦理境界；（3）因人群组合互制的关系，而有政治境界；（4）因穷研物理，追求智慧，而有学术境界；（5）因欲返本归真，冥合天人，而有宗教境界。功利境界主于利，伦理境界主于爱，政治境界主于权，学术境界主于真，宗教境界主于神。但介乎后二者的中间，以宇宙人生的具体为对象，赏玩它的色相、秩序、节奏、和谐，借以窥见自我的最深心灵的反映；化实景而为虚境，创形象以为象征，使人类最高的心灵具体化、肉身化，这就是"艺术境界"。艺术境界主于美。

所以一切美的光是来自心灵的源泉：没有心灵的映射，是无所谓美的。瑞士思想家阿米尔（Amiel）说：

一片自然风景是一个心灵的境界。

中国大画家石涛也说：

山川使予代山川而言也。……山川与予神遇而迹化也。

艺术家以心灵映射万象，代山川而立言，他所表现的是主观的生命情调与客观的自然景象交融互渗，成就一个鸢飞鱼跃，活泼玲珑，渊然而深的灵境；这灵境就是构成艺术之所以为艺术的"意境"。（但在音乐和建筑，这时间中纯形式与空间中纯形式的艺术，却以非模仿自然的境相来表现人心中最深的不可名的意境，而舞蹈则又为综合时空的纯形式艺术，所以能为一切艺术的根本形态，这事后面再说到。）

意境是"情"与"景"（意象）的结晶品。王安石有一首诗：

> 杨柳鸣蜩绿暗，
> 荷花落日红酣。
> 三十六陂春水，
> 白头想见江南。

前三句全是写景。江南的艳丽的阳春，但着了末一句，全部景象遂笼罩上，啊，渗透进，一层无边的惆怅，回忆的愁思，和重逢的欣慰。情景交织，成了一首绝美的"诗"。

元人马东篱有一首《天净沙》小令：

> 枯藤老树昏鸦，

小桥流水人家,

古道西风瘦马。

夕阳西下

断肠人在天涯。

也是前四句完全写景,着了末一句写情,全篇点化成一片哀愁寂寞,宇宙荒寒,怅触无边的诗境。

艺术的意境,因人因地因情因景的不同,现出种种色相,如摩尼珠,幻出多样的美。同是一个星天月夜的景,影映出几层不同的诗境:

元人杨载《景阳宫望月》云:

大地山河微有影,

九天风露浩无声。

明画家沈周《写怀寄僧》云:

明河有影微云外,

清露无声万木中。

清人盛青嵝咏《白莲》云：

半江残月欲无影，
一岸冷云何处香。

杨诗写涵盖乾坤的封建的帝居气概，沈诗写迥绝世尘的幽人境界，盛诗写风流蕴藉，流连光景的诗人胸怀。一主气象，一主幽思（禅境），一主情致。至于唐人陆龟蒙咏白莲的名句"无情有恨何人觉？月晓风清欲堕时"，却系为花传神，偏于赋体，诗境虽美，主于咏物。

在一个艺术表现里情和景交融互渗，因而发掘出最深的情，一层比一层更深的情，同时也透入了最深的景，一层比一层更晶莹的景；景中全是情，情具象而为景，因而涌现了一个独特的宇宙，崭新的意象，为人类增加了丰富的想象，替世界开辟了新境，正如恽南田所说"皆灵想之所独辟，总非人间所有！"这是我的所谓"意境"。"外师造化，中得心源。"唐代画家张璪这两句训示，是这意境创现的基本条件。

二、意境与山水

元人汤采真说:"山水之为物,禀造化之秀,阴阳晦冥,晴雨寒暑,朝昏昼夜,随形改步,有无穷之趣,自非胸中丘壑,汪汪洋洋,如万顷波,未易摹写。"

艺术意境的创构,是使客观景物做我主观情思的象征。我人心中情思起伏,波澜变化,仪态万千,不是一个固定的物象轮廓能够如量表出,只有大自然的全幅生动的山川草木,云烟明晦,才足以表象我们胸襟里蓬勃无尽的灵感气韵。恽南田题画说:"写此云山绵邈,代致相思,笔端丝纷,皆清泪也。"山水成了诗人画家抒写情思的媒介,所以中国画和诗,都爱以山水境界做表现和咏味的中心。和西洋自希腊以来拿人体做主要对象的艺术途径迥然不同。董其昌说得好:"诗以山川为境,山川亦以诗为境。"艺术家禀赋的诗心,映射着天地的诗心。(《诗纬》云:"诗者天地之心。")山川大地是宇宙诗心的影现;画家诗人的心灵活跃,本身就是宇宙的创化,它的卷舒取舍,好似太虚片云,寒塘雁迹,空灵而自然!

三、意境创造与人格涵养

　　这种微妙境界的实现,端赖艺术家平素的精神涵养,天机的培植,在活泼泼的心灵飞跃而又凝神寂照的体验中突然地成就。元代大画家黄子久说:"终日只在荒山乱石,丛木深筱中坐,意态忽忽,人不测其为何。又往泖中通海处看急流轰浪,虽风雨骤至,水怪悲诧而不顾。"宋画家米友仁说:"画之老境,于世海中一毛发事泊然无着染。每静室僧趺,忘怀万虑,与碧虚寥廓同其流。"黄子久以狄阿理索斯(Dionysius)的热情深入宇宙的动象,米友仁却以阿波罗(Apollo)式的宁静涵映世界的广大精微,代表着艺术生活上两种最高精神形式。

　　在这种心境中完成的艺术境界自然能空灵动荡而又深沉幽渺。南唐董源说:"写江南山,用笔甚草草,近视之几不类物象,远视之则景物灿然,幽情远思,如睹异境。"艺术家凭借他深静的心襟,发现宇宙间深沉的境地;他们在大自然里"偶遇枯槎顽石,勺水疏林,都能以深情冷眼,求其幽意所在"。黄子久每教人作深潭,以杂树瀹之,其造境可想。所以艺术境界的显现,绝不是纯客观地机械地描摹自然,而以"心匠自得为高"(米芾语)。尤其是山川景物，烟云变灭，不可临摹，须凭胸臆的创构，才能把握全景。宋画家宋迪论作山水画说：

> 先当求一败墙，张绢素讫，朝夕视之。既久，隔素见败墙之上，高下曲折，皆成山水之象，心存目想：高者为山，下者为水，坎者为谷，缺者为涧，显者为近，晦者为远。神领意造，恍然见人禽草木飞动往来之象，了然在目，则随意命笔，默以神会，自然景皆天就，不类人为，是谓活笔。

他这段话很可以说明中国画家所常说的"丘壑成于胸中，既寤发之于笔墨"，这和西洋印象派画家莫奈（monet）早、午、晚三时临绘同一风景至于十余次，刻意写实的态度，迥不相同。

四、禅境的表现

中国艺术家何以不满于纯客观的机械式的模写？因为艺术意境不是一个单层的平面的自然的再现，而是一个境界层深的创构。从直观感相的模写，活跃生命的传达，到最高灵境的启示，可以有三层次。蔡小石在《拜石山房词》序里形容词里面的这三境层极为精妙：

> 夫意以曲而善托，调以杳而弥深。始读之则万萼春深，百色妖露，积雪缟地，余霞绮天，一境也。（这是直观感相的渲染）再读之则烟涛汹洞，霜飙飞摇，骏马下坡，泳鳞出水，又一境也。（这是活跃生命的传达）卒读之而皎皎明月，仙仙白云，鸿雁高翔，坠叶如雨，不知其何以冲然而澹，翛然而远也。（这是最高灵境的启示）江顺诒评之曰："始境，情胜也。又境，气胜也。终境，格胜也。"

"情"是心灵对于印象的直接反映，"气"是"生气远出"的生命，"格"是映射着人格的高尚格调。西洋艺术里面的印象主义、写实主义，是相等于第一境层。浪漫主义倾向于生命音乐性的奔放表现，古典主义倾向于生命雕像式的清明启示，都相当于第二境层。至于象征主义、表现主义、后期印象派，它们的旨趣在于第三境层。

而中国自六朝以来，艺术的理想境界却是"澄怀观道"（晋宋画家宗炳语），在拈花微笑里领悟色相中微妙至深的禅境。如冠九在《都转心庵词序》说得好：

"明月几时有"，词而仙者也。"吹皱一池春水"，词而禅者。仙不易学而禅可学。学矣，而非栖神幽遐，涵趣寥旷，通拈花之妙悟，穷非树之奇想，则动而为沾滞之音矣。其何以澄观一心，而腾踔万象。是故词之为境也，空潭印月，上下一澈，屏知识也。清馨出尘，妙香远闻，参净因也。鸟鸣珠箔，群花自落，超圆觉也。

澄观一心而腾踔万象，是意境创造的始基，鸟鸣珠箔，群花自落，是意境表现的圆成。

绘画里面也能见到这意境的层深。明画家李日华在《紫桃轩杂缀》里说：

凡画有三次。一曰身之所容；凡置身处非邃密，即旷朗水边林下、多景所凑处是也。（按：此为身边近景）二曰目之所瞩；或奇胜，或渺迷，泉落云生，帆移鸟去是也。（按：此为眺瞩之景）三曰意之所游；目力虽穷而情脉不断处是也。（按：此为无尽空间之远景）然又有意有所忽处，如写一树一石，必有草草点染取态处。（按：此为有限中见取无限，传神写生之境）写长景必有意到笔不到，为神气所吞处，是非有心于忽，盖不得不忽也。（按：此为借有限以表现无限，造化与心源合一，一切形象都形成了象征境界）其于佛法相宗所云极迥色极略色之谓也。

于是绘画由丰满的色相达到最高心灵境界，所谓禅境的表现，种种境层，以此为归宿。戴醇士曾说："恽南田以'落叶聚还散，寒鸦栖复惊'（李白诗句）、品一峰（黄子久）笔，是所谓孤蓬自振，惊沙坐飞，画也而几乎禅矣！"禅是动中的极静，也是静中的极动，寂而常照，照而常寂，动静不二，直探生命的本原。禅是中国人接触佛教大乘义后体认到自己心灵的深处而灿烂地发挥到哲学境界与艺术境界。静穆的观照和飞跃的生命构成艺术的两元，也是构成"禅"的心灵状态。《雪堂和尚拾遗录》里说："舒州太平灯禅师颇习经论，傍教说禅。白云演和尚以偈寄之曰：'白云山头月，太平松下影，良夜无狂风，都成一片境。'灯得偈颂之，未久，于宗门方彻渊奥。"禅境借诗境表达出来。

所以中国艺术意境的创成，既须得屈原的缠绵悱恻，又须得庄子的超旷空灵。缠绵悱恻，才能一往情深，深入万物的核心，所谓"得其环中"。超旷空灵，才能如镜中花，水中月，羚羊挂角，无迹可寻，所谓"超以象外"。色即是空，空即是色，色不异空，空不异色，这不但是盛唐人的诗境，也是宋元人的画境。

五、道、舞、空白：中国艺术意境结构的特点

庄子是具有艺术天才的哲学家，对于艺术境界的阐发最为精妙。在他是"道"，这形而上原理，和"艺"，能够体合无间。"道"的生命进乎技，"技"的表现启示着"道"。在《养生主》里他有一段精彩的描写：

庖丁为文惠君解牛，手之所触，肩之所倚，足之所履，膝之所踦，砉然响然，奏刀騞然，若不中音。合于桑林之舞，乃中经首（尧乐章）之会（节也）。文惠君曰："嘻，善哉！技盖至此乎？"庖丁释刀对曰："臣之所好者道也，进乎技矣。始臣之解牛之时，所见无非牛者。三年之后，未尝见全牛也。方今之时，臣以神遇而不以目视，官知止而神欲行，依乎天理，批大郤，道大窾，因其固然，技经肯綮之未尝，而况大軱乎！良庖岁更刀，割也。族庖月更刀，折也。今臣之刀十九年矣，所解数千牛矣，而刀刃若新发于硎。彼节者有间，而刀刃者无厚，以无厚入有间，恢恢乎其于游刃，必有余地矣。是以十九年而刀刃若新发于硎。虽然，每至于族（交错聚结处）吾见其难

为，怵然为戒，视为止，行为迟，动刀甚微，謋然已解，如土委地！提刀而立，为之四顾，为之踌躇满志。善刀而藏之。"

文惠君曰："善哉，吾闻庖丁之言，得养生焉。"

"道"的生命和"艺"的生命，游刃于虚，莫不中音，合于桑林之舞，乃中经首之会。音乐的节奏是它们的本体。所以儒家哲学也说："大乐与天地同和，大礼与天地同节。"《易》云："天地氤氲，万物化醇。"这生生的节奏是中国艺术境界的最后源泉。石涛题画云："天地氤氲秀结，四时朝暮垂垂，透过鸿蒙之理，堪留百代之奇。"艺术家要在作品里把握到天地境界！德国诗人诺瓦理斯（Novalis）[①]说："混沌的眼，透过秩序的网幕，闪闪地发光。"石涛也说："在于墨海中立定精神，笔锋下决出生活，尺幅上换去毛骨，混沌里放出光明。"艺术要刊落一切表皮，呈显物的晶莹真境。

艺术家经过"写实""传神"到"妙悟"境内，由于妙悟，他们"透过鸿蒙之理，堪留百代之奇"。这个使命是够伟大的！

那么艺术意境之表现于作品，就是要透过秩序的网幕，使鸿

---

①今译"诺瓦利斯"，德国浪漫主义诗人，代表作有抒情诗《夜之赞歌》及未完成的长篇小说《海因里希·冯·奥弗特丁根》等。

蒙之理闪闪发光。这秩序的网幕是由各个艺术家的意匠组织线、点、光、色、形体、声音或文字成为有机谐和的艺术形式，以表出意境。

因为这意境是艺术家的独创，是从他最深的"心源"和"造化"接触时突然的领悟和震动中诞生的，它不是一味客观的描绘，像一照相机的摄影。所以艺术家要能拿特创的"秩序的网幕"来把住那真理的闪光。音乐和建筑的秩序结构，尤能直接地启示宇宙真体的内部和谐与节奏，所以一切艺术趋向音乐的状态、建筑的意匠。

然而，尤其是"舞"，这最高度的韵律、节奏、秩序、理性，同时是最高度的生命、旋动、力、热情，它不仅是一切艺术表现的究竟状态，且是宇宙创化过程的象征。艺术家在这时失落自己于造化的核心，沉冥入神，"穷元妙于意表，合神变乎天机"（唐代大批评家张彦远论画语）。"是有真宰，与之浮沉"（司空图《诗品》语），从深不可测的玄冥的体验中升化而出，行神如空，行气如虹。在这时只有"舞"，这最紧密的律法和最热烈的旋动，能使这深不可测的玄冥的境界具象化、肉身化。

在这舞中，严谨如建筑的秩序流动而为音乐，浩荡奔驰的生命收敛而为韵律。艺术表演着宇宙的创化。所以唐代大书家张旭见公孙大娘剑器舞而悟笔法，大画家吴道子请裴将军舞剑以助壮气说：

"庶因猛厉以通幽冥!"郭若虚的《图画见闻志》上说:

> 唐开元中,将军裴旻居丧,诣吴道子,请于东都天宫寺画神鬼数壁,以资冥助。道子答曰:"吾画笔久废,若将军有意,为吾缠结,舞剑一曲,庶因猛厉,以通幽冥!"旻于是脱去缞服,若常时装束,走马如飞,左旋右转,掷剑入云,高数十丈,若电光下射。旻引手执鞘承之,剑透室而入。观者数千人,无不惊栗。道子于是援毫图壁,飒然风起,为天下之壮观。道子平生绘事,得意无出于此。

诗人杜甫形容诗的最高境界说:"精微穿溟涬,飞动摧霹雳。"(《夜听许十一诵诗爱而有作》)前句是写沉冥中的探索,透进造化的精微的机械,后句是指着大气盘旋的创造,具象而成飞舞。深沉的静照是飞动的活力的源泉。反过来说,也只有活跃的具体的生命舞姿、音乐的韵律、艺术的形象,才能使静照中的"道"具象化、肉身化。德国诗人侯德林(Hölderlin)有两句诗含义极深:

> 谁沉冥到
> 那无边际的"深",

将热爱着

这最生动的"生"。

他这话使我们突然省悟中国哲学境界和艺术境界的特点。中国哲学是就"生命本身"体悟"道"的节奏。"道"具象于生活、礼乐制度。道尤表象于"艺"。灿烂的"艺"赋予"道"以形象和生命,"道"给予"艺"以深度和灵魂。庄子《天地》篇有一段寓言说明只有艺"象罔"才能获得道真"玄珠":

黄帝游乎赤水之北,登乎昆仑之丘而南望,还归,遗其玄珠。(司马彪云:玄珠,道真也)使知(理智)索之而不得。使离朱(色也,视觉也)索之而不得。使喫诟(言辩也)索之而不得也。乃使象罔,象罔得之。黄帝曰:"异哉!象罔乃可以得之乎?"

吕惠卿注释得好:"象则非无,罔则非有,不皦不昧,玄珠之所以得也。"非无非有,不皦不昧,这正是艺术形相的象征作用。"象"是境相,"罔"是虚幻,艺术家创造虚幻的境相以象征宇宙人生的真际。真理闪耀于艺术形象里,玄珠的铄于象罔里。歌德曾说:"真理和神性一样,是永不肯让我们直接识知的。我们只能在反光、譬喻、象征里面观照它。"又说："在璀璨的反光里面我们把握到生命。"生命在他就是宇宙真际。他在《浮士德》里面的诗句"一切消逝者，只是一象征"，更说明"道""真的生命"是寓在一切变灭的形象里。英国诗人勃莱克的一首诗说得好：

一花一世界，

一沙一天国，

君掌盛无边，

刹那含永劫。

这诗和中国宋僧道灿的重阳诗句（田汉译）"天地一东篱，万古一重九"，都能喻无尽于有限，一切生灭者象征着永恒。

人类这种最高的精神活动，艺术境界与哲理境界，是诞生于一个最自由最充沛的深心的自我。这充沛的自我，真力弥满，万象在旁，掉臂游行，超脱自在，需要空间，供他活动。（参见拙作《中西画法所表现的空间意识》）于是"舞"是它最直接、最具体的自然流露。"舞"是中国一切艺术境界的典型。中国的书法、画法都趋向飞舞。庄严的建筑也有飞檐表现着舞姿。杜甫《观公孙大娘弟子舞剑器行》首段云：

昔有佳人公孙氏，

一舞剑器动四方。

观者如山色沮丧，

天地为之久低昂。

……

　　天地是舞，是诗（诗者天地之心），是音乐（大乐与天地同和）。中国绘画境界的特点建筑在这上面。画家解衣盘礴，面对着一张空白的纸（表象着舞的空间），用飞舞的草情篆意谱出宇宙万形里的音乐和诗境。照相机所摄万物形体的底层在纸上是构成一片黑影。物体轮廓线内的纹理形象模糊不清。山上草树崖石不能生动地表出它们的脉络姿态。只在大雪之后，崖石轮廓林木枝干才能显出它们各自的奕奕精神性格，恍如铺垫了一层空白纸，使万物以嵯峨突兀的线纹呈露它们的绘画状态。所以中国画家爱写雪景（王维），这里是天开图画。

　　中国画家面对这幅空白，不肯让物的底层黑影填实了物体的"面"，取消了空白，像西洋油画；所以直接地在这一片虚白上挥毫运墨，用各式皱文表出物的生命节奏。（石涛说："笔之于皴也，开生面也。"）同时借取书法中的草情篆意或隶体表达自己心中的韵律，所绘出的是心灵所直接领悟的物态天趣，造化和心灵的

凝合。自由潇洒的笔墨，凭线纹的节奏，色彩的韵律，开径自行，养空而游，蹈光揖影，抟虚成实。（参看本文首段引方士庶语）

庄子说："虚室生白。"又说："唯道集虚。"中国诗词文章里都着重这空中点染，抟虚成实的表现方法，使诗境、词境里面有空间，有荡漾，和中国画面具同样的意境结构。

中国特有的艺术——书法，尤能传达这空灵动荡的意境。唐张怀瓘在他的《书议》里形容王羲之的用笔说："一点一画，意态纵横，偃亚中间，绰有余裕。然字峻秀，类于生动，幽若深远，焕若神明，以不测为量者，书之妙也。"在这里，我们见到书法的妙境通于绘画，虚空中传出动荡，神明里透出幽深，超以象外，得其环中，是中国艺术的一切造境。

王船山在《诗绎》里说："论画者曰，咫尺有万里之势，一势字宜着眼。若不论势，则缩万里于咫尺，直是《广舆记》前一天下图耳。五言绝句以此为落想时第一义。唯盛唐人能得其妙。如'君家住何处，妾住在横塘，停船暂借问，或恐是同乡'，墨气所射，四表无穷，无字处皆其意也！"高日甫论画歌曰："即其笔墨所未到，亦有灵气空中行。"笪重光说："虚实相生，无画处皆成妙境。"三人的话都是注意到艺术境界里的虚空要素。中国的诗词、绘画、书法里，表现着同样的意境结构，代表着中国人的宇宙意识。盛唐王、孟派的诗固多空花水月的禅境；北宋人词空中荡漾，绵渺无际；就是南宋词人姜白石的"二十四桥仍在，波心荡、冷月无声"，周草窗的"看画船尽入西泠，闲却半湖春色"，也能以空虚衬托实景，墨气所射，四表无穷。但就它渲染的境象说，还是不及唐人绝句能"无字处皆其意"，更为高绝。中国人对"道"的体验，是"于空寂处见流行，于流行处见空寂"，唯道集虚，体用不二，这构成中国人的生命情调和艺术意境的实相。

王船山又说："工部（杜甫）之工在即物深致，无细不章。右丞（王维）之妙，在广摄四旁，圜中自显。"又说："右丞妙手能使在远者近，抟虚成实，则心自旁灵，形自当位。"这话极有意思。"心自旁灵"表现于"墨气所射，四表无穷"，"形自当位"，是"咫尺有万里之势"。"广摄四旁，圜中自显"，"使在远者近，抟虚成实"，这正是大画家大诗人王维创造意境的手法，代表着中国人于空虚中创现生命的流行，氤氲的气韵。

王船山论到诗中意境的创造，还有一段精深微妙的话，使我们领悟"中国艺术意境之诞生"的终极根据。他说："唯此窅窅摇摇之中，有一切真情在内，可兴可观，可群可怨，是以有取于诗。然因此而诗则又往往缘景缘事，缘以往缘未来，经年苦吟，而不能自道。以追光蹑影之笔，写通天尽人之怀，是诗家正法眼藏。""以追光蹑影之笔，写通天尽人之怀"，这两句话表出中国艺术的最后的理想和最高的成就。唐、宋人诗词是这样，宋、元人的绘画也是这样。

尤其是在宋、元人的山水花鸟画里,我们具体地欣赏到这"追光蹑影之笔,写通天尽人之怀"。画家所写的自然生命,集中在一片无边的虚白上。空中荡漾着"视之不见、听之不闻、搏之不得"的"道",老子名之为"夷""希""微"。在这一片虚白上幻现的一花一鸟、一树一石、一山一水,都负荷着无限的深意、无边的深情。(画家、诗人对万物一视同仁,往往很远的微小的一草一石,都用工笔画出,或在逸笔撇脱中表出微茫惨淡的意趣。)万物浸在光被四表的神的爱中,宁静而深沉。深,像在一和平的梦中,给予观者的感受是一澈透灵魂的安慰和惺惺的微妙的领悟。

中国画的用笔,从空中直落,墨花飞舞,和画上虚白,融成一片,画境恍如"一片云,因日成彩,光不在内,亦不在外,既无轮廓,亦无丝理,可以生无穷之情,而情了无寄"(借王船山评王俭《春诗》绝句语)。中国画的光是动荡着全幅画面的一种形而上的、非写实的宇宙灵气的流行,贯彻中边,往复上下。古绢的黯然而光尤能传达这种神秘的意味。西洋传统的油画填没画底,不留空白,画面上动荡的光和气氛仍是物理的目睹的实质,而中国画上画家用心所在,正在无笔墨处,无笔墨处却是缥缈天倪,化工的境界(即其笔墨所未到,亦有灵气空中行)。这种画面的构造是植根于中国心灵里葱茏氤氲,蓬勃生发的宇宙意识。王船山说得好:"两间之固有者，自然之华，因流动生变而成绮丽，心目之所及，文情赴之，貌其本荣，如所存而显之，即以华奕照耀，动人无际矣！"这不是唐诗宋画给予我们的印象吗？

中国人爱在山水中设置空亭一所。戴醇士说："群山郁苍，群木荟蔚，空亭翼然，吐纳云气。"一座空亭竟成为山川灵气动荡吐纳的交点和山川精神聚积的处所。倪云林每画山水，多置空亭，他有"亭下不逢人，夕阳澹秋影"的名句。张宣题倪画《溪亭山色图》诗云："石滑岩前雨，泉香树杪风。江山无限景，都聚一亭中。"苏东坡《涵虚亭》诗云："惟有此亭无一物，坐观万景得天全。"唯道集虚，中国建筑也表现着中国人的宇宙意识。

空寂中生气流行，鸢飞鱼跃，是中国人艺术心灵与宇宙意象"两镜相入"互摄互映的华严境界。倪云林诗云：

兰生幽谷中，倒影还自照。

无人作妍媛，春风发微笑。

希腊神话里水仙之神（Narcissus）临水自鉴，眷恋着自己的仙姿，无限相思，憔悴以死。中国的兰生幽谷，倒影自照，孤芳自赏，虽感空寂，却有春风微笑相伴，一呼一吸，宇宙息息相关，悦怿风神，悠然自足。（中西精神的差别相）

艺术的境界，既使心灵和宇宙净化，又使心灵和宇宙深化，使人在超脱的胸襟里体味到宇宙的深境。

唐朝诗人常建的《江上琴兴》一诗最能写出艺术（琴声）这净化深化的作用：

> 江上调玉琴，一弦清一心。
> 泠泠七弦遍，万木澄幽阴。
> 能使江月白，又令江水深。
> 始知梧桐枝，可以徽黄金。

中国文艺里意境高超莹洁而具有壮阔幽深的宇宙意识生命情调的作品也不可多见。我们可以举出宋人张于湖的一首词来，他的《念奴娇·过洞庭》词云：

> 洞庭青草，近中秋，更无一点风色。
> 玉界琼田三万顷，著我片舟一叶。
> 素月分晖，明河共影，表里俱澄澈。
> 悠悠心会，妙处难与君说。
>
> 应念岭表经年，孤光自照，肝胆皆冰雪。

短发萧疏襟袖冷，稳泛沧溟空阔。

　　吸尽西江，细斟北斗，万象为宾客。（对空间之超脱）

　　叩舷独啸，不知今夕何夕！（对时间之超脱）

　　这真是"雪涤凡响，棣通太音，万尘息吹，一真孤露"。笔者自己也曾写过一首小诗，希望能传达中国心灵的宇宙情调，不揣陋劣，附在这里，借供参证：

　　飙风天际来，绿压群峰暝。

　　云罅漏夕晖，光写一川冷。

　　悠悠白鹭飞，淡淡孤霞迥。

　　系缆月华生，万象浴清影。

　　　　　　　　　　　——（《柏溪夏晚归棹》）

　　艺术的意境有它的深度、高度、阔度。杜甫诗的高、大、深，俱不可及。"吐弃到人所不能吐弃为高，含茹到人所不能含茹为大，曲折到人所不能曲折为深。"（刘熙载评杜甫诗语）叶梦得《石林诗话》里也说："禅家有三种语，老杜诗亦然。如'波漂菰米沉云黑，露冷莲房坠粉红'为函盖乾坤语。'落花游丝白日静，鸣鸠乳燕青春深'为随波逐浪语。'百年地僻柴门迥，五月江深草阁寒'为截断众流语。"函盖乾坤是大，随波逐浪是深，截断众流是高。李太白的诗也具有这高、深、大。但太白的情调较偏向于宇宙境象的大和高。太白登华山落雁峰，说："此山最高，呼吸之气，想通帝座，恨不携谢朓惊人句来，搔首问青天耳！"（《唐语林》）杜甫则"直取性情真"（杜甫诗句），他更能以深情掘发人性的深度，他具有但丁的沉着的热情和歌德的具体表现力。

李、杜境界的高、深、大，王维的静远空灵，都植根于一个活跃的、至动而有韵律的心灵。承继这心灵，是我们深衷的喜悦。

第九讲

中国艺术表现里的虚和实

先秦哲学家荀子是中国第一个写了一篇较有系统的美学论文——《乐论》的人。他有一句话说得极好,他说:"不全不粹不足以谓之美。"这话运用到艺术美上就是说:艺术既要极丰富地全面地表现生活和自然,又要提炼地去粗存精,提高、集中,更典型,更具普遍性地表现生活和自然。

由于"粹",由于去粗存精,艺术表现里有了"虚","洗尽尘滓,独存孤迥"(恽南田语)。由于"全",才能做到孟子所说的"充实之谓美,充实而有光辉之谓大"。"虚"和"实"辩证的统一,才能完成艺术的表现,形成艺术的美。

但"全"和"粹"是相互矛盾的。既去粗存精,那就似乎不全了,全就似乎不应"拔萃"。又全又粹,这不是矛盾吗?

然而只讲"全"而不顾"粹",这就是我们现在所说的自然主义;只讲"粹"而不能反映"全",那又容易走上抽象的形式主义的道路;既粹且全,才能在艺术表现里做到真正的"典型化",全和粹要辩证地结合、统一,才能谓之美,正如荀子在两千年前所正确地指出的。

清初文人赵执信在他的《谈艺录》序言里有一段话很生动地形象化地说明这全和粹、虚和实辩证的统一才是艺术的最高成就。他说：

> 钱塘洪昉思（按：即洪昇，《长生殿》曲本的作者）久于新城（按：即王渔洋，提倡诗中神韵说者）之门矣。与余友。一日在司寇（渔洋）论诗，昉思嫉时俗之无章也，曰："诗如龙然，首尾鳞鬣，一不具，非龙也。"司寇哂之曰："诗如神龙，见其首不见其尾，或云中露一爪一鳞而已，安得全体？是雕塑绘画耳！"余曰："神龙者，屈伸变化，固无定体，恍惚望见者第指其一鳞一爪，而龙之首尾完好固宛然在也。若拘于所见，以为龙具在是，雕绘者反有辞矣！"

洪昉思重视"全"而忽略了"粹"，王渔洋依据他的神韵说看重一爪一鳞而忽视了"全体"；赵执信指出一鳞一爪的表现方式要能显示龙的"首尾完好宛然存在"。艺术的表现正在于一鳞一爪具有象征力量，使全体宛然存在，不削弱全体丰满的内容，把它们概括在一鳞一爪里。提高了，集中了，一粒沙里看见一个世界。这是中国艺术传统中的现实主义的创作方法，不是自然主义的，也不是形式主义的。

但王渔洋、赵执信都以轻视的口吻说着雕塑绘画，好像它们只是自然主义地刻画现实。这是大大的误解。中国大画家所画的龙正是像赵执信所要求的，云中露出一鳞一爪，却使全体宛然可见。

中国传统的绘画艺术很早就掌握了这虚实相结合的手法。例如近年出土的晚周帛画凤夔人物、汉石刻人物画、东晋顾恺之《女史箴图》、唐阎立本《步辇图》、宋李公麟《免胄图》、元颜辉《钟馗出猎图》、明徐渭《驴背吟诗》，这些赫赫名迹都是很好的例子。我们见到一片空虚的背景上突出地集中地表现人物行动姿态，删略了背景的刻画，正像中国舞台上的表演一样。（汉画上正有不少舞蹈和戏剧表演）

关于中国绘画处理空间表现方法的问题，清初画家笪重光在他的一篇《画筌》（这是中国绘画美学里的一部杰作）里说得很好，而这段论画面空间的话，也正相通于中国舞台上空间处理的方式。他说：

> 空本难图，实景清而空景现。神无可绘，真境逼而神境生。位置相戾，有画处多属赘疣。虚实相生，无画处皆成妙境。

这段话扼要地说出中国画里处理空间的方法，也叫人联想到中国舞台艺术里的表演方式和布景问题。中国舞台表演方式是有独创性的,我们愈来愈见到它的优越性。而这种艺术表演方式又是和中国独特的绘画艺术相通的,甚至也和中国诗中的意境相通。(我在1949年写过一篇《中国诗画中所表现的空间意识》,见本书)中国舞台上一般地不设置逼真的布景(仅用少量的道具桌椅等)。老艺人说得好:"戏曲的布景是在演员的身上。"演员结合剧情的发展,灵活地运用表演程式和手法,使得"真境逼而神境生"。演员集中精神用程式手法、舞蹈行动,"逼真地"表达出人物的内心情感和行动,就会使人忘掉对于剧中环境布景的要求,不需要环境布景阻碍表演的集中和灵活,"实景清而空景现",留出空虚来让人物充分地表现剧情,剧中人和观众精神交流,深入艺术创作的最深意趣,这就是"真境逼而神境生"。这个"真境逼"是在现实主义的意义里的,不是自然主义里所谓逼真。这是艺术所启示的真,也就是"无可绘"的精神的体现,也就是美。"真""神""美"在这里是一体。

做到了这一点,就会使舞台上"空景"的"现",即空间的构成,不须借助于实物的布置来显示空间,恐怕"位置相戾,有画处多属赘疣",排除了累赘的布景,可使"无景处都成妙境"。例如川剧《刁窗》一场中虚拟的动作既突出了表演的"真",又同时显示了手势的"美",因"虚"得"实"。《秋江》剧里船翁一支桨和陈妙常的摇曳的舞姿可令观众"神游"江上。八大山人画一条生动的鱼在纸上，别无一物，令人感到满幅是水。我最近看到故宫陈列齐白石画册里一幅上画一枯枝横出，站立一鸟，别无所有，但用笔的神妙，令人感到环绕这鸟是一无垠的空间，和天际群星相接应，真是一片"神境"。

中国传统的艺术很早就突破了自然主义和形式主义的片面性，创造了民族的独特的现实主义的表达形式，使真和美、内容和形式高度地统一起来。反映这艺术发展的美学思想也具有独创的宝贵的遗产，值得我们结合艺术的实践来深入地理解和汲取，为我们从新的生活创造新的艺术形式提供借鉴和营养资料。

中国的绘画、戏剧和中国另一特殊的艺术——书法，具有着共同的特点，这就是它们里面都是贯穿着舞蹈精神（也就是音乐精神），由舞蹈动作显示虚灵的空间。唐朝大书法家张旭观看公孙大娘剑器舞而悟书法，吴道子画壁请裴将军舞剑以助壮气。而舞蹈也是中国戏剧艺术的根基。中国舞台动作在二千年的发展中形成一种富有高度节奏感和舞蹈化的基本风格，这种风格既是美的，同时又能表现生活的真实，演员能用一两个极洗炼而又极典型的姿式，把时间、地点和特定情景表现出来。例如"趟马"这个动作，可以使人看出有一匹马在跑，同时又能叫人觉得是人骑在马上，是在什么情境下骑着的。如果一个演员在趟马时"心中无马"，光在那里卖弄武艺，卖弄技巧，那他的动作就是程式主义的了。——我们的舞台动作，确是能通过高度的艺术真实，表现出生活的真实的。也证明这是几千年来，一代又一代的，经过广大人民运用他们的智慧，积累而成的优秀的民族表现形式。如果想一下子取消这种动作，代之以纯现实的，甚至是自然主义的做工，那就是取消民族传统，取消戏曲。（见焦菊隐：《表演艺术上的三个主要问题》，《戏剧报》1954年11月号）

中国艺术上这种善于运用舞蹈形式，辩证地结合着虚和实，这种独特的创造手法也贯穿在各种艺术里面。大而至于建筑，小而至于印章，都是运用虚实相生的审美原则来处理，而表现出飞舞生动的气韵。《诗经》里《斯干》那首诗里赞美周宣王的宫室时就是拿舞的姿式来形容这建筑，说它"如跂斯翼，如矢斯棘，如鸟斯革，如翚斯飞"。

由舞蹈动作伸延，展示出来的虚灵的空间，是构成中国绘画、书法、戏剧、建筑里的空间感和空间表现的共同特征，而造成中国艺术在世界上的特殊风格。它是和西洋从埃及以来所承受的几何学的空间感有不同之处。研究我们古典遗产里的特殊贡献，可以有助于人类的美学探讨和艺术理解的进展。

第十讲 中国诗画中所表现的空间意识

现代德国哲学家斯播格耐（O. Spengler）在他的名著《西方之衰落》里面曾经阐明每一种独立的文化都有它的基本象征物，具体地表象它的基本精神。在埃及是"路"，在希腊是"立体"，在近代欧洲文化是"无尽的空间"。这三种基本象征都是取之于空间境界，而它们最具体的表现是在艺术里面。埃及金字塔里的甬道，希腊的雕像，近代欧洲的最大油画家伦勃朗（Rembrandt）的风景，是我们领悟这三种文化的最深的灵魂之媒介。

我们若用这个观点来考察中国艺术，尤其是画与诗中所表现的空间意识，再拿来同别种文化做比较，是一极有趣味的事。我不揣浅陋做了以下的尝试。

西洋十四世纪文艺复兴初期油画家梵埃格（Van Eyck）[1]的画极注重写实、精细地描写人体、画面上表现屋宇内的空间，画家用科学及数学的眼光看世界。于是透视法的知识被发挥出来，而用之

---

[1] 今译"扬·凡·艾克"，尼德兰画家，早期尼德兰画派重要画家之一。代表作有《阿尔诺芬尼夫妇像》《根特祭坛画》等。

于绘画。意大利的建筑家勃鲁纳莱西（Brunelleci）在十五世纪的初年已经深通透视法。阿卜柏蒂在他1436年出版的《画论》里第一次把透视的理论发挥出来。

中国十八世纪雍正、乾隆时，名画家邹一桂对于西洋透视画法表示惊异而持不同情的态度，他说："西洋人善勾股法，故其绘画于阴阳远近，不差锱黍，所画人物、屋树，皆有日影。其所用颜色与笔，与中华绝异。布影由阔而狭，以三角量之。画宫室于墙壁，令人几欲走进。学者能参用一二，亦其醒法。但笔法全无，虽工亦匠，故不入画品。"

邹一桂认为西洋的透视的写实的画法"笔法全无，虽工亦匠"，只是一种技巧，与真正的绘画艺术没有关系，所以"不入画品"。而能够入画品的画，即能"成画"的画，应是不采取西洋透视法的立场，而采沈括所说的"以大观小之法"。

早在宋代一位博学家沈括在他名著《梦溪笔谈》里就曾讥评大画家李成采用透视立场"仰画飞檐"，而主张"以大观小之法"。他说："李成画山上亭馆及楼阁之类，皆仰画飞檐。其说以谓'自下望上，如人立平地望塔檐间，见其榱桷'。此论非也。大都山水之法，盖以大观小，如人观假山耳。若同真山之法，以下望上，只合见一重山，岂可重重悉见，兼不应见其溪谷间事。又如屋舍，亦不应见中庭及巷中事。若人在东立，则山西便合是远境。人在西立,则山东却合是远境。似此如何成画?李君盖不知以大观小之法,其间折高、折远,自有妙理,岂在掀屋角也?"

沈括以为画家画山水,并非如常人站在平地上在一个固定的地点,仰首看山;而是用心灵的眼,笼罩全景,从全体来看部分,"以大观小"。把全部景界组织成一幅气韵生动、有节奏有和谐的艺术画面,不是机械的照相。这画面上的空间组织,是受着画中全部节奏及表情所支配。"其间折高折远,自有妙理。"这就是说须服从艺术上的构图原理,而不是服从科学上算学的透视法原理。他并且以为那种依据透视法的看法只能看见片面,看不到全面,所以不能成画。他说"似此如何成画"?他若是生在今日,简直会不承认西洋传统的画是画,岂不有趣?

这正可以拿奥国近代艺术学者芮格(Riegl)所主张的"艺术意志说"来解释。中国画家并不是不晓得透视的看法,而是他的"艺术意志"不愿在画面上表现透视看法,只摄取一个角度,而采取了"以大观小"的看法,从全面节奏来决定各部分,组织各部分。中国画法六法上所说的"经营位置",不是依据透视原理,而是"折高折远自有妙理"。全幅画面所表现的空间意识,是大自然的全面节奏与和谐。画家的眼睛不是从固定角度集中于一个透视的焦点,而是流动着飘瞥上下四方,一目千里,把握全境的阴阳开阖、高下起伏的节奏。中国最大诗人杜甫有两句诗表出这空时意识说:"乾坤万里眼，时序百年心。"《中庸》上也曾说："诗云鸢飞戾天，鱼跃于渊，言其上下察也。"

中国最早的山水画家六朝刘宋时的宗炳（公元五世纪）曾在他的《画山水序》里说山水画家的事务是：

> 身所盘桓，
> 目所绸缪。
> 以形写形，
> 以色貌色。

画家以流盼的眼光绸缪于身所盘桓的形形色色。所看的不是一个透视的焦点，所采的不是一个固定的立场，所画出来的是具有音乐的节奏与和谐的境界。所以宗炳把他画的山水悬在壁上，对着弹琴，他说：

> 抚琴动操，
> 欲令众山皆响！

山水对他表现一个音乐的境界，就如他的同时的前辈那位大诗人音乐家嵇康，也是拿音乐的心灵去领悟宇宙、领悟"道"。嵇康有名句云：

> 目送归鸿，
> 手挥五弦。
> 俯仰自得，
> 游心太玄。

中国诗人、画家确是用"俯仰自得"的精神来欣赏宇宙，而跃入大自然的节奏里去"游心太玄"。晋代大诗人陶渊明也有诗云："俯仰终宇宙，不乐复何如！"

用心灵的俯仰的眼睛来看空间万象，我们的诗和画中所表现的空间意识，不是像那代表希腊空间感觉的有轮廓的立体雕像，不是像那表现埃及空间感的墓中的直线甬道，也不是那代表近代欧洲精神的伦勃朗的油画中渺茫无际追寻无着的深空，而是"俯仰自得"的节奏化的音乐化了的中国人的宇宙感。

《易经》上说："无往不复，天地际也。"这正是中国人的空间意识！

这种空间意识是音乐性的（不是科学的算学的建筑性的）。它不是用几何、三角测算来的，而是由音乐舞蹈体验来的。中国古代的所谓"乐"是包括着舞的。所以唐代大画家吴道子请裴将军舞剑以助壮气。

宋郭若虚《图画见闻志》上说：

> 唐开元中，将军裴旻居丧，诣吴道子，请于东都天宫寺画神鬼数壁，以资冥助。道子答曰："吾画笔久废，若将军有意，为吾缠结，舞剑一曲，庶因猛厉，以通幽冥！"旻于是脱去缞服，若常时装束，走马如飞，左旋右转，掷剑入云，高数十丈，若电光下射。旻引手执鞘承之，剑透室而入。观者数千人，无不惊栗。道子于是援毫图壁，飒然风起，为天下之壮观。道子平生绘事，得意无出于此。

与吴道子同时的大书家张旭也因观公孙大娘的剑器舞而书法大进。宋朝书家雷简夫因听着嘉陵江的涛声而引起写字的灵感。雷简夫说："余偶昼卧，闻江涨瀑声。想波涛翻翻，迅駴掀搕，高下蹙逐奔去之状，无物可寄其情，遽起作书，则心中之想尽在笔下矣！"

节奏化了的自然，可以由中国书法艺术表达出来，就同音乐舞蹈一样。而中国画家所画的自然也就是这音乐境界。他的空间意识和空间表现就是"无往不复的天地之际"。不是由几何、三角所构成的西洋的透视学的空间，而是阴阳明暗高下起伏所构成的节奏化了的空间。董其昌说:"远山一起一伏则有势,疏林或高或下则有情,此画之诀也。"

有势有情的自然是有声的自然。中国古代哲人曾以音乐的十二律配合一年十二月节季的循环。《吕氏春秋·大乐》篇说:"万物所出,造于太一,化于阴阳。萌芽始震,凝寒以形。形体有处,莫不有声。声出于和,和出于适。和适,先王定乐,由此而生。"唐代诗人韦应物有诗云:

　　万物自生听,
　　大空恒寂寥。

唐诗人顾况的《范山人画山水歌》云(见佩文斋书画谱):"山峥嵘,水泓澄。漫漫汗汗一笔耕。一草一木栖神明。忽如空中有物,物中有声。复如远道望乡客,梦绕山川身不行。"

这是赞美范山人所画的山水好像空中的乐奏,表现一个音乐化的空间境界。宋代大批评家严羽在他的《沧浪诗话》里说唐诗人的诗中境界:"如空中之音,相中之色,水中之月,镜中之像,言有尽而意无穷。"西人约柏特(Joubert)也说:"佳诗如物之有香,空之有音,纯乎气息。"又说:"诗中妙境,每字能如弦上之音,空外余波,袅袅不绝。"(据钱锺书译)

这种诗境界，中国画家则表之于山水画中。苏东坡论唐代大画家兼诗人王维说："味摩诘之诗，诗中有画。观摩诘之画，画中有诗。"

王维的画我们现在不容易看到（传世的有两三幅）。我们可以从诗中看他画境，却发现他里面的空间表现与后来中国山水画的特点一致！

王维的辋川诗有一绝句云：

北垞湖水北，

杂树映朱阑，

逶迤南川水，

明灭青林端。

在西洋画上有画大树参天者，则树外人家及远山流水必在地平线上缩短缩小，合乎透视法。而此处南川水却明灭于青林之端，不向下而向上，不向远而向近。和青林朱栏构成一片平面。而中国山水画家却取此同样的看法写之于画面。使西人诧中国画家不识透视法。然而这种看法是中国诗中的通例，如：

暗水流花径，春星带草堂。

卷帘唯白水,隐几亦青山。

白波吹粉壁,青嶂插雕梁。——杜甫

天回北斗挂西楼。

檐飞宛溪水,窗落敬亭云。——李白

水国舟中市,山桥树杪行。——王维

窗影摇群动,墙阴载一峰。——岑参

秋色墙头数点山。——刘禹锡

窗前远岫悬生碧,帘外残霞挂熟红。——罗虬

树杪玉堂悬。——杜审言

江上层楼翠霭间,满帘春水满窗山。——李群玉

碧松梢外挂青天。——杜牧

    玉堂坚重而悬之于树杪,这是画境的平面化。青天悠远而挂之于松梢,这已经不止于世界的平面化,而是移远就近了。这不是西洋精神的追求无穷,而是饮吸无穷于自我之中!孟子曰:"万物皆备于我矣,反身而诚,乐莫大焉。"宋代哲学家邵雍于所居作便坐,曰安乐窝,两旁开窗曰日月牖。正如杜甫诗云:

江山扶绣户,

日月近雕梁。

深广无穷的宇宙来亲近我，扶持我，无庸我去争取那无穷的空间，像浮士德那样野心勃勃，彷徨不安。

中国人对无穷空间这种特异的态度，阻碍中国人去发明透视法。而且使中国画至今避用透视法。我们再在中国诗中征引那饮吸无穷空时于自我，网罗山川大地于门户的例证：

云生梁栋间，风出窗户里。——［东晋］郭璞

绣甍结飞霞，璇题纳明月。——［六朝］鲍照

窗中列远岫，庭际俯乔林。——［六朝］谢朓

栋里归白云，窗外落晖红。——［六朝］阴铿

画栋朝飞南浦云，珠帘暮卷西山雨。——［初唐］王勃

窗含西岭千秋雪，门泊东吴万里船。

天入沧浪一钓舟。——［唐］杜甫

欲回天地入扁舟。——［唐］李商隐

大壑随阶转，群山入户登。

隔窗云雾生衣上，卷幔山泉入镜中。——［唐］王维

晓月临窗近，天河入户低。——［唐］沈佺期

山翠万重当槛出，水华千里抱城来。——［唐］许浑

三峡江声流笔底，六朝帆影落樽前。——［宋］米芾

山随宴坐图画出，水作夜窗风雨来。——［宋］黄庭坚

一水护田将绿绕，两山排闼送青来。——［宋］王安石

满眼长江水，苍然何郡山？

向来万里急，今在一窗间。——［宋］陈简斋

江山重复争供眼，风雨纵横乱入楼。——［宋］陆放翁

水光山色与人亲。——［宋］李清照

帆影多从窗隙过，溪光合向镜中看。——［清］叶令仪

云随一磬出林杪，窗放群山到榻前。——［清］谭嗣同

而明朝诗人陈眉公的含晖楼诗（咏日光）云："朝挂扶桑枝，暮浴咸池水，灵光满大千，半在小楼里。"更能写出万物皆备于我的光明俊伟的气象。但早在这些诗人以前，晋宋的大诗人谢灵运（他是中国第一个写纯山水诗的）已经在他的《山居赋》里写出这网罗天地于门户，饮吸山川于胸怀的空间意识。中国诗人多爱从窗户庭阶，词人尤爱从帘、屏、栏杆、镜以吐纳世界景物。我们有"天地为庐"的宇宙观。老子曰："不出户，知天下。不窥牖，见天道。"庄子曰："瞻彼阕者，虚室生白。"孔子曰："谁能出不由户，何莫由斯道也？"中国这种移远就近，由近知远的空间意识，已经成为我们宇宙观的特色了。谢灵运《山居赋》里说：

抗北顶以葺馆，瞰南峰以启轩，

罗曾崖于户里，列镜澜于窗前。

因丹霞以赪楣，附碧云以翠椽。

——（引《宋书·谢灵运传》）

六朝刘义庆的《世说新语》载：

简文帝（东晋）入华林园，顾谓左右曰："会心处不必在远，翳然林木，便自有濠濮间想也。觉鸟兽禽鱼，自来亲人！"

晋代是中国山水情绪开始与发达时代。阮籍登临山水，尽日忘归。王羲之既去官，游名山，泛沧海，叹曰："我卒当以乐死！"山水诗有了极高的造诣（谢灵运、陶渊明、谢朓等），山水画开始奠基。但是顾恺之、宗炳、王微已经显示出中国空间意识的特质了。宗炳主张"身所盘桓，目所绸缪，以形写形，以色貌色"。王微主张"以一管之笔拟太虚之体"。而人们遂能"以大观小"又能"小中见大"。人们把大自然吸收到庭户内。庭园艺术发达极高。庭园中罗列峰峦湖沼，俨然一个小天地。后来宋僧道灿的重阳诗句："天地一东篱，万古一重久。"正写出这境界。而唐诗人孟郊更歌唱这天地反映到我的胸中，艺术的形象是由我裁成的，他唱道：

> 天地入胸臆，
> 吁嗟生风雷。
> 文章得其微，
> 物象由我裁！

东晋陶渊明则从他的庭园悠然窥见大宇宙的生气与节奏而证悟到忘言之境。他的《饮酒》诗云：

> 结庐在人境，而无车马喧。
> 问君何能尔？心远地自偏。
> 采菊东篱下，悠然见南山。
> 山气日夕佳，飞鸟相与还。
> 此中有真意，欲辨已忘言。

中国人的宇宙概念本与庐舍有关。"宇"是屋宇，"宙"是由"宇"中出入往来。中国古代农人的农舍就是他的世界。他们从屋宇得到空间观念。从"日出而作，日入而息"（《击壤歌》），由宇中出入而得到时间观念。空间、时间合成他的宇宙而安顿着他的生活。他的生活是从容的，是有节奏的。对于他空间与时间是不能分割的。春夏秋冬配合着东南西北。这个意识表现在秦汉的哲学思想里。时间的节奏（一岁十二月二十四节）率领着空间方位（东南西北等）以构成我们的宇宙。所以我们的空间感觉随着我们的时间感觉而节奏化了、音乐化了！画家在画面所欲表现的不只是一个建筑意味的空间"宇"，而须同时具有音乐意味的时间节奏"宙"。一个充满音乐情趣的宇宙（时空合一体）是中国画家、诗人的艺术境界。画家、诗人对这个宇宙的态度是像宗炳所说的"身所盘桓，目所绸缪，以形写形，以色貌色"。六朝刘勰在他的名著《文心雕龙》里也说到诗人对于万物是：目既往还，心亦吐纳。……情往似赠，兴来如答。"目所绸缪"的空间景是不采取西洋透视看法集合于一个焦点，而采取数层视点以构成节奏化的空间。这就是中国画家的"三远"之说。"目既往还"的空间景是《易经》所说"无往不复，天地际也"。我们再分别论之。

宋画家郭熙所著《林泉高致·山川训》云：

山有三远：自山下而仰山巅，谓之高远。自山前而窥山后，谓之深远。自近山而望远山，谓之平远。高远之色清明，深远之色重晦，平远之色有明有晦。高远之势突兀，深远之意重叠，平远之意冲融而缥缥缈缈。其人物之在三远也，高远者明了，深远者细碎，平远者冲澹。明了者不短，细碎者不长，冲澹者不大。此三远也。

西洋画法上的透视法是在画面上依几何学的测算构造一个三进向的空间的幻景。一切视线集结于一个焦点（或消失点）。正如邹一桂所说："布影由阔而狭，以三角量之。画宫室于墙壁，令人几欲走进。"而中国"三远"之法，则对于同此一片山景"仰山巅，窥山后，望远山"，我们的视线是流动的，转折的。由高转深，由深转近，再横向于平远，成了一个节奏化的行动。郭熙又说："正面溪山林木，盘折委曲，铺设其景而来，不厌其详，所以足人目之近寻也。傍边平远，峤岭重叠，钩连缥缈而去，不厌其远，所以极人目之旷望也。"他对于高远、深远、平远，用俯仰往还的视线，抚摩之，眷恋之，一视同仁，处处流连。这与西洋透视法从一固定角度把握"一远"，大相径庭。而正是宗炳所说的"目所绸缪，身所盘桓"的境界。苏东坡诗云："赖有高楼能聚远，一时收拾与闲人。"真能说出中国诗人、画家对空间的吐纳与表现。

由这"三远法"所构的空间不复是几何学的科学性的透视空

间，而是诗意的创造性的艺术空间。趋向着音乐境界，渗透了时间节奏。它的构成不依据算学，而依据动力学。清代画论家华琳名之曰"推"。（华琳生于乾隆五十六年，卒于道光三十年）华琳在他的《南宗抉秘》里有一段论"三远法"，极为精彩。可惜还不为人所注意。兹不惜篇幅，详引于下，并略加阐扬。华琳说：

> 旧谱论山有三远。云自下而仰其巅曰高远。自前而窥其后曰深远。自近而望及远曰平远。此三远之定名也。又云远欲其高，当以泉高之。远欲其深，当以云深之。远欲其平，当以烟平之。此三远之定法也。
>
> 乃吾见诸前辈画，其所作三远，山间有将泉与云颠倒用之者。又或有泉与云与烟一无所用者。而高者自高，深者自深，平者自平。于旧谱所论，大相径庭，何也？因详加揣测，悉心临摹，久而顿悟其妙。盖有推法焉！局架独耸，虽无泉而已具自高之势。层次加密，虽无云而已有可深之势。低偏其形，虽无烟而已成必平之势。高也深也平也，因形取势。胎骨既定，纵欲不高不深不平而不可得。惟三远为不易！然高者由卑以推之，深者由浅以推之，至于平则必不高，仍须于平中之卑处以推及高。平则必不深，亦须于平中之浅处以推及深。推之法

得，斯远之神得矣！（白华按："推"是由线纹的力的方向及组织以引动吾人空间深远平之感入。不由几何形线的静的透视的秩序，而由生动线条的节奏趋势以引起空间感觉。如中国书法所引起的空间感。我名之为力线律动所构的空间境。如现代物理学所说的电磁野。）但以堆叠为推，以穿断为推则不可！或曰：将何以为推乎？余曰"似离而合"四字实推之神髓。（按：似离而合即有机的统一。化空间为生命境界，成了力线律动的原野。）假使以离为推，致彼此间隔，则是以形推，非以神推也。（按：西洋透视法是以离为推也。）且亦有离开而仍推不远者！况通幅邱壑无处处间隔之理，亦不可无离开之神。若处处合成一片，高与深与平，又皆不远矣。似离而合，无遗蕴矣！或又曰："似离而合，毕竟以何法取之？"余曰："无他，疏密其笔，浓淡其墨，上下四旁，明晦借映。以阴可以推阳，以阳亦可以推阴。直观之如决流之推波。睨视之如行云之推月。无往非以笔推，无往非以墨推。似离而合之法得，即推之法得。远之法亦即尽于是矣。"乃或曰："凡作画何处不当疏密其笔，浓淡其墨，岂独推法用之乎？"不知遇当推之势，作者自宜别有经营。于疏密其笔，浓淡其墨之中，又绘出一段斡旋神理。倒转乎缩地勾魂之术。捉摸于探幽扣寂之乡。似于他处之疏密浓淡，其作用较为精细。此是悬解，难以专注。必欲实实指出，又何异以泉以云以烟者拘泥之见乎？

华琳提出"推"字以说明中国画面上"远"之表出。"远"不是以堆叠穿斫的几何学的机械式的透视法表出。而是由"似离而合"的方法视空间如一有机统一的生命境界。由动的节奏引起我们跃入空间感觉。直观之如决流之推波，睨视之如行云之推月。全以波动力引起吾人游于一个"静而与阴同德，动而与阳同波"（庄子语）的宇宙。空时意识油然而生，不待堆叠穿斫，测量推度，而自然涌现了！这种空间的体验有如鸟之拍翅，鱼之泳水，在一开一阖的节奏中完成。所以中国山水的布局以三四大开阖表现之。

中国人的最根本的宇宙观是《易经》上所说的"一阴一阳之谓道"。我们画面的空间感也凭借一虚一实、一明一暗的流动节奏表达出来。虚（空间）同实（实物）联成一片波流，如决流之推波。明同暗也联成一片波动，如行云之推月。这确是中国山水画上空间境界的表现法。而王船山所论王维的诗法，更可证明中国诗与画中空间意识的一致。王船山《诗绎》里说："右丞妙手能使在远者近，抟虚成实，则心自旁灵，形自当位。"使在远者近，就是像我们前面所引各诗中移远就近的写景特色。我们欣赏山水画，也是抬头先看见高远的山峰，然后层层向下，窥见深远的山谷，转向近景林下水边，最后横向平远的沙滩小岛。远山与近景构成一幅平面空间节奏，因为我们的视线是从上至下的流转曲折，是节奏的动。空间在这里不是一个透视法的三进向的空间，以作为布置景物的虚空间架，而是它自己也参加进全幅节奏，受全幅音乐支配着的波动。这正是抟虚成实，使虚的空间化为实的生命。于是我们欣赏的心灵，光被四表，格于上下。"神理流于两间，天地供其一目。"（王船山论谢灵运诗语）而万物之形在这新观点内遂各有其新的适当的位置与关系。这位置不是依据几何、三角的透视法所规定，而是如沈括所说的"折高折远自有妙理"。不在乎掀起屋角以表示自下望上的透视。而中国画在画台阶、楼梯时反而都是上宽而下窄，好像是跳进画内站到阶上去向下看。而不是像西画上的透视是从欣赏者的立脚点向画内看去，阶梯是近阔而远狭，下宽而上窄。西洋人曾说中国画是反透视的。他不知我们是从远向近看，从高向下看，所以"折高折远自有妙理"，另是一套构图。我们从既高且远的心灵的眼睛"以大观小"，俯仰宇宙，正如明朝沈灏《画麈》里赞美画中的境界说：

> 称性之作，直参造化。盖缘山河大地，品类群生，皆自性现。其间卷舒取舍，如太虚片云，寒塘雁迹而已。

画家胸中的万象森罗，都从他的及万物的本体里流出来，呈现于客观的画面。它们的形象位置一本乎自然的音乐，如片云舒卷，自有妙理，不依照主观的透视看法。透视学是研究人站在一个固定地点看出去的主观景界，而中国画家、诗人宁采取"俯仰自得，游心太玄""目既往还，心亦吐纳"的看法，以达到"澄怀味像"。（画家宗炳语）这是全面的客观的看法。

早在《易经》《系辞》的传里已经说古代圣哲是"仰则观象于天，俯则观法于地，观鸟兽之文与地之宜。近取诸身，远取诸物"。俯仰往还，远近取与，是中国哲人的观照法，也是诗人的观照法。而这观照法表现在我们的诗中画中，构成我们诗画中空间意识的特质。

诗人对宇宙的俯仰观照由来已久，例证不胜枚举。汉苏武诗："俯观江汉流，仰视浮云翔。"魏文帝诗："俯视清水波，仰看明月光。"曹子建诗："俯降千仞，仰登天阻。"晋王羲之《兰亭诗》："仰视碧天际，俯瞰绿水滨。"又《兰亭集序》："仰观宇宙之大，俯察品类之盛，所以游目骋怀，足以极视听之娱，信可乐也。"谢灵运诗："仰视乔木杪，俯聆大壑淙。"而左太冲的名句"振衣千仞冈，濯足万里流"，也是俯仰宇宙的气概。诗人虽不必直用俯仰字样，而他的意境是俯仰自得，游目骋怀的。诗人、画家最爱登山临水。"欲穷千里目，更上一层楼"，是唐诗人王之涣名句。所以杜甫尤爱用"俯"字以表现他的"乾坤万里眼，时序百年心"。他的名句如:"游目俯大江""层台俯风渚""扶杖俯沙渚""四顾俯层巅""展席俯长流""傲睨俯峭壁""此邦俯要冲""江缆俯鸳鸯""缘江路熟俯青郊""俯视但一气,焉能辨皇州"等,用俯字不下十数处。"俯"不但联系上下远近,且有笼罩一切的气度。古人说:赋家之心,包括宇宙。诗人对世界是抚爱的、关切的,虽然他的立场是超脱的、洒落的。晋唐诗人把这种观照法递给画家,中国画中空间境界的表现遂不得不与西洋大异其趣了。

中国人与西洋人同爱无尽空间(中国人爱称太虚太空无穷无涯),但此中有很大的精神意境上的不同。西洋人站在固定地点,由固定角度透视深空,他的视线失落于无穷,驰于无极。他对这无穷空间的态度是追寻的、控制的、冒险的、探索的。近代无线电、飞机都是表现这控制无限空间的欲望。而结果是彷徨不安,欲海难填。中国人对于这无尽空间的态度却是如古诗所说的:"高山仰止,景行行止,虽不能至,而心向往之。"人生在世,如泛扁舟,俯仰天地,容与中流,灵屿瑶岛,极目悠悠。中国人面对着平远之境而很少是一望无边的,像德国浪漫主义大画家菲德烈希(Friedrich)所画的杰作《海滨孤僧》那样,代表着对无穷空间的怅望。在中国画上的远空中必有数峰蕴藉,点缀空际,正如元人张秦娥诗云:"秋水一抹碧,残霞几缕红,水穷云尽处，隐隐两三峰。"或以归雁晚鸦掩映斜阳。如陈国材诗云："红日晚天三四雁，碧波春水一双鸥。"我们向往无穷的心，须能有所安顿，归返自我，成一回旋的节奏。我们的空间意识的象征不是埃及的直线甬道，不是希腊的立体雕像，也不是欧洲近代人的无尽空间，而是潆洄委曲，绸缪往复，遥望着一个目标的行程（道）！我们的宇宙是时间率领着空间，因而成就了节奏化、音乐化了的"时空合一体"。这是"一阴一阳之谓道"。《诗经》上《蒹葭》三章很能表出这境界。其第一章云："蒹葭苍苍，白露为霜。所谓伊人，在水一方。溯洄从之，道阻且长。溯游从之，宛在水中央。"而我们前面引过的陶渊明的《饮酒》诗尤值得我们再三玩味：

采菊东篱下，

悠然见南山。

山气日夕佳，

飞鸟相与还。

此中有真意，

欲辨已忘言。

中国人于有限中见到无限，又于无限中回归有限。他的意趣不是一往不返，而是回旋往复的。唐代诗人王维的名句云："行到水穷处，坐看云起时。"韦庄诗云："去雁数行天际没，孤云一点净中生。"储光羲的诗句云："落日登高屿，悠然望远山，溪流碧水去，云带清阴还。"以及杜甫的诗句："水流心不竞，云在意俱迟。"都是写出这"目既往还，心亦吐纳，情往似赠，兴来如答"的精神意趣。"水流心不竞"是不像欧洲浮士德精神的追求无穷。"云在意俱迟"，是庄子所说的"圣人达绸缪，周遍一体也"。也就是宗炳"目所绸缪"的境界。中国人抚爱万物，与万物同其节奏：静而与阴同德，动而与阳同波（庄子语）。我们宇宙既是一阴一阳、一虚一实的生命节奏，所以它根本上是虚灵的时空合一体，是流荡着的生动气韵。哲人、诗人、画家，对于这世界是"体尽无穷而游无朕"（庄子语）。"体尽无穷"是已经证入生命的无穷节奏，画面上表出一片无尽的律动，如空中的乐奏。"而游无朕"，即是在中国画的底层的空白里表达着本体"道"（无朕境界）。庄子曰："瞻彼阙（空处）者，虚室生白。"这个虚白不是几何学的空间间架，死的空间，所谓顽空，而是创化万物的永恒运行着的道。这"白"是"道"的吉祥之光（见庄子）。宋朝苏东坡之弟苏辙在他《论语解》内说得好：

贵真空，不贵顽空。盖顽空则顽然无知之空，木石是也。

若真空，则犹之天焉！湛然寂然，元无一物，然四时自尔行，百物自尔生。粲为日星，潏为云雾。沛为雨露，轰为雷霆。皆自虚空生。而所谓湛然寂然者自若也。

苏东坡也在诗里说："静故了群动，空故纳万境。"这纳万境与群动的空即是道。即是老子所说"无"，也就是中国画上的空间。老子曰：

道之为物，惟恍惟惚。惚兮恍兮，其中有象。恍兮惚兮，其中有物。窈兮冥兮，其中有精。其精甚真，其中有信。（《老子》二十一章）

这不就是宋代的水墨画，如米芾云山所表现的境界吗？

杜甫也自夸他的诗"篇终接混茫"。庄子也曾赞"古之人在混茫之中"。明末思想家兼画家方密之自号"无道人"。他画山水淡烟点染，多用秃笔，不甚求似。尝戏示人曰："此何物？正无道人得'无'处也！"

中国画中的虚空不是死的物理的空间间架，俾物质能在里面移动，反而是最活泼的生命源泉。一切物象的纷纭节奏从它里面流出来！我们回想到前面引过的唐诗人韦应物的诗："万物自生听，太空恒寂寥。"王维也有诗云："徒然万象多,澹尔太虚缅。"都能表明我所说的中国人特殊的空间意识。

而李太白的诗句"地形连海尽,天影落江虚",更有深意。有限的地形接连无涯的大海,是有尽融入无尽。天影虽高,而俯落江面,是自无尽回注有尽,使天地的实相变为虚相,点化成一片空灵。宋代哲学家程伊川曰："冲漠无朕,而万象昭然已具。"昭然万象以冲漠无朕为基础。老子曰："大象无形。"诗人、画家由纷纭万象的摹写以证悟到"大象无形"。用太空、太虚、无、混茫,来暗示或象征这形而上的道,这永恒创化着的原理。中国山水画在六朝初萌芽时画家宗炳绘所游历山川于壁上曰："老病俱至,名山恐难遍游,唯当澄怀观道,卧以游之!"这"道"就是实中之虚,即实即虚的境界。明画家李日华说："绘画必以微茫惨淡为妙境,非性灵廓彻者未易证入,以虚淡中含意多耳!"

宗炳在他的《画山水序》里已说到"山水质有而趋灵"。所以明代徐文长赞夏圭的山水卷说："观夏圭此画,苍洁旷迥,令人舍形而悦影!"我们想到老子说过："五色令人目盲。"又说"玄之又玄,众妙之门"(玄,青黑色),也是舍形而悦影,舍质而趋灵。王维在唐代彩色绚烂的风气中高唱"画道之中水墨为上"。连吴道子也行笔磊落,于焦墨痕中略施微染,轻烟淡彩,谓之吴装。当时中国画受西域影响,壁画色彩,本是浓丽非常。现在敦煌壁画，可见一斑。而中国画家的"艺术意志"却舍形而悦影，走上水墨的道路。这说明中国人的宇宙观是"一阴一阳之谓道"，道是虚灵的，是出没太虚自成文理的节奏与和谐。画家依据这意识构造他的空间境界，所以和西洋传统的依据科学精神的空间表现自然不同了。宋人陈涧上赞美画僧觉心说："虚静师所造者道也。放乎诗，游戏乎画，如烟云水月，出没太虚，所谓风行水上，自成文理者也。"（见邓椿《画继》）

中国画中所表现的万象，正是出没太虚而自成文理的。画家由阴阳虚实谱出的节奏，虽涵泳在虚灵中，却绸缪往复，盘桓周旋，抚爱万物，而澄怀观道。清初周亮工的《读画录》中载庄淡庵题凌又蕙画的一首诗，最能道出我上面所探索的中国诗画所表现的空间意识。诗云：

> 性僻羞为设色工，
> 聊将枯木写寒空。
> 洒然落落成三径，
> 不断青青聚一丛。
> 人意萧条看欲雪，
> 道心寂历悟生风。
> 低徊留得无边在，

又见归鸦夕照中。

中国人不是向无边空间做无限制的追求,而是"留得无边在",低徊之,玩味之,点化成了音乐。于是夕照中要有归鸦。"众鸟欣有托,吾亦爱吾庐。"(陶渊明诗)我们从无边世界回到万物,回到自己,回到我们的"宇"。"天地入吾庐",也是古人的诗句。但我们却又从"枕上见千里,窗中窥万室"(王维诗句)。神游太虚,超鸿蒙,以观万物之浩浩流衍,这才是沈括所说的"以大观小"!

清人布颜图在他的《画学心法问答》里一段话说得好:"问布置之法,曰:所谓布置者,布置山川也。宇宙之间,惟山川为大。始于鸿蒙,而备于大地。人莫究其所以然。但拘拘于石法树法之间,求长觅巧,其为技也不亦卑乎?制大物必用大器。故学之者当心期于大。必先有一段海阔天空之见存于有迹之内,而求于无迹之先。无迹者鸿蒙也,有迹者大地也。有斯大地而后有斯山川,有斯山川而后有斯草木,有斯草木而后有斯鸟兽生焉,黎庶居焉。斯固定理昭昭也。今之学者必须意在笔先,铺成大地,创造山川。其远近高卑,曲折深浅,皆令各得其势而不背,则格制定矣。"又说:"学经营位置而难于下笔?以素纸为大地,以炭朽为鸿钧,以主宰为造物。用心目经营之,谛视良久,则纸上生情,山川恍惚,即用炭朽钩定，转视则不可复得矣！此易之所谓寂然不动感而后通也。"这是我们先民的创造气象！对于现代的中国人，我们的山川大地不仍是一片音乐的和谐吗？我们的胸襟不应当仍是古画家所说的"海阔从鱼跃，天高任鸟飞"吗？我们不能以大地为素纸，以学艺为鸿钧，以良知为主宰，创造我们的新生活新世界吗？

第十一讲 中国书法里的美学思想

唐代孙过庭书谱里说："羲之写《乐毅》则情多怫郁，书画赞则意涉瑰奇，《黄庭经》则怡怿虚无，《太师箴》则纵横争折，暨乎《兰亭》兴集，思逸神超，私门诫誓，情拘志惨，所谓涉乐方笑，言哀已叹。"

人愉快时，面呈笑容，哀痛时放出悲声，这种内心情感也能在中国书法里表现出来，像在诗歌音乐里那样。别的民族写字还没有能达到这种境地的。中国的书法何以会有这种特点？

唐代韩愈在他的《送高闲上人序》里说："张旭善草书，不治他技，喜怒窘穷，忧悲愉佚，怨恨思慕，酣醉，无聊，不平，有动于心，必于草书焉发之。观于物，见山水崖谷，鸟兽虫鱼，草木之花实，日月列星，风雨水火，雷霆霹雳，歌舞战斗，天地事物之变，可喜可愕，一寓于书，故旭之书变动犹鬼神，不可端倪，以此终其身而名后世。"张旭的书法不但抒写自己的情感，也表出自然界各种变动的形象。但这些形象是通过他的情感所体会的，是"可喜可愕"的；他在表达自己的情感中同时反映出或暗示着自然界的各种形象。或借着这些形象的概括来暗示着他自己对这些形象的情感。这些形象在他的书法里不是事物的刻画,而是情景交融的"意境",像中国画,更像音乐,像舞蹈,像优美的建筑。

现在我们再引一段书家自己的表白。后汉大书家蔡邕说:"凡欲结构字体,皆须像其一物,若鸟之形,若虫食禾,若山若树,纵横有托,运用合度,方可谓书。"元代赵子昂写"子"字时,先习画鸟飞之形" ",使子字有这鸟飞形象的暗示。他写"为"字时,习画鼠形数种,穷极它的变化,如 、 、 、 。他从"为"字得到"鼠"形的暗示,因而积极地观察鼠的生动形象,吸取着深一层的对生命形象的构思,使"为"字更有生气、更有意味、内容更丰富。这字已不仅是一个表达概念的符号,而是一个表现生命的单位,书家用字的结构来表达物象的结构和生气勃勃的动作了。

这个生气勃勃的自然界的形象,它的本来的形体和生命,是由什么构成的呢?常识告诉我们:一个有生命的躯体是由骨、肉、筋、血构成的。"骨"是生物体最基本的间架,由于骨,一个生物体才能站立起来和行动。附在骨上的筋是一切动作的主持者,筋是我们运动感的源泉。敷在骨筋外面的肉,包裹着它们而使一个生命体有了形象。流贯在筋肉中的血液营养着、滋润着全部形体。有了骨、筋、肉、血,一个生命体诞生了。中国古代的书家要想使"字"也表现生命,成为反映生命的艺术,就须用他所具有的方法和工具在字里表现出一个生命体的骨、筋、肉、血的感觉来。但在这里不是完全像绘画，直接模示客观形体，而是通过较抽象的点、线、笔画，使我们从情感和想象里体会到客体形象里的骨、筋、肉、血，就像音乐和建筑也能通过诉之于我们情感及身体直感的形象来启示人类的生活内容和意义。明人丰坊的《笔诀》里说："书有筋骨血肉，筋生于腕，腕能悬，则筋骨相连而有势，骨生于指，指能实，则骨体坚定而不弱。血生于水，肉生于墨，水须新汲，墨须新磨，则燥湿停匀而肥瘦适可。然大要先知笔诀，斯众美随之矣。"近人丁文隽对这段话解说得很清楚，他说："于人，骨所以支形体，筋所以司动转。骨贵劲健而筋贵灵活，故书，点画劲健者谓之有骨，软弱者谓之无骨。点画灵活者谓之有筋，呆板者谓之无筋。欲求点画之劲健。必须毫无虚发，墨无旁溢，功在指实，故曰骨生于指。欲求点画之灵活，必须纵横无疑，提顿从心，功在悬腕，故曰筋生于腕。点画劲健飞动则见刚柔之情，生动静之态，自然神完气足。故曰筋骨相连而有势，势即赅刚柔动静之情态而言之也。夫书以点画为形，以水墨为质者也。于人，筋骨血肉同属于质，于书，则筋骨所以状其点画，属于形，血肉所以言其水墨，属于质。无质则形不生，无水墨则点画不成。水湿而清，其性犹血。故曰血生于水。墨浓而浊，其性犹肉，故曰肉生于墨，血贵燥湿合度，燥湿合度谓之血润。肉贵肥瘦适中，肥瘦适中谓之肉莹。血肉惟恐其多，多则筋骨不见。筋骨贵惟患其少，少则神气全无。必也四质停匀，始为尽善尽美。然非巧智兼优，心手双善者，不克臻此。"

中国人写的字，能够成为艺术品，有两个主要因素：一是由于中国字的起始是象形的，二是中国人用的笔。许慎《说文》序解释文字的定义说：仓颉之初作书，盖依类象形，故谓之文，其后形声相益，即谓之字，字者，言孳乳而浸多也（此依徐铉本，段玉裁据《左传正义》，补"文者物象之本"句），文和字是对待的。单体的字，像水木，是"文"，复体的字，像江河杞柳，是"字"，是由"形声相益，孳乳而浸多"来的。写字在古代正确的称呼是"书"。书者如也，书的任务是如，写出来的字要"如"我们心中对于物象的把握和理解。用抽象的点画表出"物象之本"，这也就是说物象中的"文"，就是交织在一个物象里或物象和物象的相互关系里的条理：长短、大小、疏密、朝揖、应接、向背、穿插等的规律和结构。而这个被把握到的"文"，同时又反映着人对它们的情感反应。这种"因情生文，因文见情"的字就升华到艺术境界，具有艺术价值而成为美学的对象了。

第二个主要因素是笔。书字从聿（yù），聿就是笔，篆文書，像手把笔，笔杆下扎了毛。殷朝人就有了笔，这个特殊的工具才使中国人的书法有可能成为一种世界独特的艺术，也使中国画有了独特的风格。中国人的笔是把兽毛（主要用兔毛）捆缚起做成的。它铺毫抽锋，极富弹性，所以巨细收纵，变化无穷。这是欧洲人用管笔、钢笔、铅笔以及油画笔所不能比的。从殷朝发明了和运用了这支笔，创造了书法艺术，历代不断有伟大的发展，到唐代各门艺术都发展到极盛的时候，唐太宗李世民独独宝爱晋人王羲之所写的《兰亭序》，临死时不能割舍，恳求他的儿子让他带进棺去。可以想见在中国艺术最高峰时期中国书法艺术所占的地位了。这是怎样可能的呢？

我们前面已说过是基于两个主要因素，一是中国字在起始的时候是象形的，这种形象化的意境在后来"孳乳浸多"的"字体"里仍然潜存着、暗示着。在字的笔画里、结构里、章法里，显示着形象里面的骨、筋、肉、血，以至于动作的关联。后来从象形到谐声，形声相益，更丰富了"字"的形象意境，像江字、河字，令人仿佛目睹水流，耳闻汩汩的水声。所以唐人的一首绝句若用优美的书法写了出来，不但是使我们领略诗情，也同时如睹画境。诗句写成对联或条幅挂在壁上，美的享受不亚于画，而且也是一种综合艺术，像中国其他许多艺术那样。

中国文字成熟可分三期：一、纯图画期；二、图画佐文字期；三、纯文字期。（参看胡小石：《古文变迁论》，解放前南京大学文艺丛刊第一卷，第一期。又《书艺略论》，《江海学刊》1961年第7期）纯图画期，是以图画表达思想，全无文字。如鼎文（殷文存上，一上）。

像一人抱小儿，作为"尸"来祭祀祖先。礼："君子抱孙不抱子。"

又如觚文（殷文存，下廿四，下）。

像一人持钺献俘的情形。

叶玉森的《铁云藏龟拾遗》里第六页影印殷墟甲骨上一字为猿猴形 ，神态毕肖，可见殷人用笔画抓住"物象之本""物象之文"的技能。

像这类用图画表达思想的例子很多。后来到"图画佐文字时期"，在一篇文字里往往夹杂着鸟兽等形象，我们说中国书画同源是有根据的。而且在整个书画史上，画和书法的密切关系始终保持着。要研究中国画的特点，不能不研究中国书法。我从前曾经说过，写西方美术史，往往拿西方各时代建筑风格的变迁做骨干来贯串，中国建筑风格的变迁不大，不能用来区别各时代绘画雕塑风格的变迁。而书法却自殷代以来，风格的变迁很显著，可以代替建筑在西方美术史中的地位，凭借它来窥探各个时代艺术风格的特征。这个工作尚待我们去做，这里不过是一个提议罢了。

我们现在谈谈中国书艺里的用笔、结体、章法所表现的美学思想。我们在此不能多谈到书法用笔的技术性方面的问题。这方面,古人已讲得极多了。我只谈谈用笔里的美学思想。中国文字的发展,由模写形象里的"文",到孳乳浸多的"字",象形字在量的方面减少了,代替它的是抽象的点线笔画所构成的字体。通过结构的疏密、点画的轻重、行笔的缓急,表现作者对形象的情感,发抒自己的意境,就像音乐艺术从自然界的群声里抽出纯洁的"乐音"来,发展这乐音间相互结合的规律。用强弱、高低、节奏、旋律等有规则的变化来表现自然界、社会界的形象和自心的情感。近代法国大雕刻家罗丹曾经对德国女画家萝斯蒂兹说:"一个规定的线(文)通贯着大宇宙,赋予了一切被创造物。如果他们在这线里面运行着,而自觉着自由自在,那是不会产生出任何丑陋的东西来的。希腊人因此深入地研究了自然,他们的完美是从这里来的,不是从一个抽象的'理念'来的。人的身体是一座庙宇,具有神样的诸形式。"又说:"表现在一胸像造形里的要务,是寻找那特征的线纹。低能的艺术家很少具有这胆量单独地强调出那要紧的线,这需要一种决断力,像仅有少数人才能具有的那样。"(海伦·萝斯蒂兹著《罗丹在谈话和书信中》一书)

我们古代伟大的先民就属于罗丹所说的少数人。古人传述仓颉造字时的情形说:"颉首四目,通于神明,仰观奎星圆曲之势,俯察龟文鸟迹之象,博采众美,合而为字。"仓颉并不是真的有四只眼睛,而是说他象征着人类从猿进化到人,两手解放了,全身直立，因而双眼能仰观天文、俯察地理，好像增加了两个眼睛，他能够全面地、综合地把握世界，透视那通贯着大宇宙赋予了万物的规定的线，因而能在脑筋里构造概念，又用"文""字"来表示这些概念。"人"诞生了，文明诞生了，中国的书法也诞生了。中国最早的文字就具有美的性质。邓以蛰先生在《书法之欣赏》里说得好："甲骨文字，其为书法抑纯为符号，今固难言，然就书之全体而论，一方面固纯为横竖转折之笔画所组成，若后之施于真书之'永字八法'，当然无此繁杂之笔调。他方面横竖转折却有其结构之意，行次有其左行右行之分，又以上下字连贯之关系，俨然有其笔画之可增可减，如后之行草书然者。至其悬针垂韭之笔致，横直转折，安排紧凑，四方三角等之配合，空白疏密之调和，诸如此类，竟能给一段文字以全篇之美观，此美莫非来自意境而为当时书家之精心结撰可知也。至于钟鼎彝器之款识铭词，其书法之圆转委婉，结体行次之疏密，虽有优劣，其优者使人见之如仰观满天星斗，精神四射。古人言仓颉造字之初云：'颉首四目，通于神明，仰观奎星圆曲之势，俯察龟文鸟迹之象，博采众美，合而为字。'今以此语形容吾人观看长篇钟鼎铭词如毛公鼎、散氏盘之感觉，最为恰当。石鼓以下，又加以停匀整齐之美。至始皇诸刻石，笔致虽仍为篆体，而结体行次，整齐之外，并见端庄，不仅直行之空白如一，横行亦如之，此种整齐端庄之美至汉碑八分而至其极，凡此皆字之于形式之外，所以致乎美之意境也。"

邓先生这段话说出了中国书法在创造伊始，就在实用之外，同时走上艺术美的方向，使中国书法不像其他民族的文字，停留在作为符号的阶段，而成为表达民族美感的工具。

现在从美学观点来考察中国书法里的用笔、结体和章法。

一、用笔

用笔有中锋、侧锋、藏锋、出锋、方笔、圆笔、轻重、疾徐，等等区别，皆所以运用单纯的点画而成其变化，来表现丰富的内心情感和世界诸形相，像音乐运用少数的乐音，依据和声、节奏与旋律的规律，构成千万乐曲一样。但宋朝大批评家董逌在《广川画跋》里说得好："且观天地生物，特一气运化尔，其功用秘移，与物有宜，莫知为之者，故能成于自然。"他这话可以和罗丹所说的"一个规定的线通贯着大宇宙而赋予了一切被创造物，他们在它里面运行着，而自觉着自由自在"相印证。所以千笔万笔，统于一笔，正是这一笔的运化尔！

罗丹在万千雕塑的形象里见到这一条贯注于一切中的"线"，

中国画家在万千绘画的形象中见到这一笔画，而大书家却是运此一笔以构成万千的艺术形象，这就是中国历代丰富的书法。唐朝伟大的批评家和画史的创作者张彦远在《历代名画记》里论顾、陆、张、吴诸大画家的用笔时说："顾恺之之迹，紧劲联绵，循环超忽，调格逸易，风趋电疾，意存笔先，画尽意在，所以全神气也。昔张芝学崔瑗、杜度草书之法，因而变之，以成今草书之体势，一笔而成，气脉通连，隔行不断。唯王子敬（献之）明其深旨，故行首之字，往往继其前行，世上谓之一笔书。其后陆探微亦作一笔画，连绵不断，故知书画用笔同法。"张彦远谈到书画法的用笔时，特别指出这"一笔而成，气脉通贯"，和罗丹所指出的通贯宇宙的一根线，一千年间，东西艺人，遥遥相印。可见中国书画家运用这"一笔"的点画，创造中国特有的丰富的艺术形象，是有它的艺术原理上的根据的。

但这里所说的一笔书、一笔画，并不真是一条不断的线纹像宋人郭若虚在《图画见闻志》里所记述的戚文秀画水图里那样："图中有一笔长五丈……自边际起，通贯于波浪之间，与众毫不失次序，超腾回折，实逾五丈矣。"而是像郭若虚所要说明的："王献之能为一笔书，陆探微能为一笔画，无适（……意译为：并不是）一篇之文，一物之象而能一笔可就也。乃是自始及终，笔有朝揖，连绵相属，气脉不断。"这才是一笔画一笔书的正确的定义。所以古人所传的"永字八法"，用笔为八而一气呵成，血脉不断，构成一个有骨有肉有筋有血的字体，表现一个生命单位，成功一个艺术境界。

用笔怎样能够表现骨、肉、筋、血来，成为艺术境界呢？

三国时魏国大书家钟繇说道："笔迹者界也，流美者人也，……见万象皆类之。"笔蘸墨画在纸帛上，留下了笔迹（点画），突破了空白，创始了形象。石涛《画语录》第一章《一画章》里说得好："太古无法，太朴不散，太朴一散，而法立矣。法于何立？立于一画。一画者众有之本，万象之根。……人能以一画具体而微，意明笔透。腕不虚则画非是，画非是则腕不灵。动之以旋，润之以转，居之以旷，出如截，入如揭，能圆能方，能直能曲，能上能下，左右均齐，凸凹突兀，断截横斜，如水之就下，如火之炎上，自然而不容毫发强也，用无不神而法无不贯也。理无不入而态无不尽也。信手一挥，山川、人物、鸟兽、草木、池榭、楼台，取形用势，写生揣意，运摹景显，露隐含人，不见其画之成画，不违其心之用心，盖自太朴散而一画之法立矣。一画之法立而万物著矣。"

从这一画之笔迹，流出万象之美，也就是人心内之美。没有人，就感不到这美，没有人，也画不出、表不出这美。所以钟繇说："流美者人也。"所以罗丹说："通贯大宇宙的一条线，万物在它里面感到自由自在,就不会产生出丑来。"画家、书家、雕塑家创造了这条线(一画),使万象得以在自由自在的感觉里表现自己,这就是"美"！美是从"人"流出来的,又是万物形象里节奏旋律的体现。所以石涛又说:"夫画者从于心者也。山川人物之秀错,鸟兽草木之性情,池榭楼台之矩度,未能深入其理,曲尽其态,终未得一画之洪规也。行远登高,悉起肤寸,此一画收尽鸿蒙之外,即亿万万笔墨,未有不始于此而终于此,惟听人之握取之耳！"

所以中国人这支笔,开始于一画,界破了虚空,留下了笔迹,既流出人心之美,也流出万象之美。罗丹所说的这根通贯宇宙、遍及于万物的线,中国的先民极早就在书法里、在殷虚甲骨文、在商周钟鼎文、在汉隶八分、在晋唐的真行草书里,做出极丰盛的、创造性的反映了。

人类从思想上把握世界,必须接纳万象到概念的网里,纲举而后目张,物物明朗。中国人用笔写象世界,从一笔入手,但一笔画不能摄万象,须要变动而成八法,才能尽笔画的"势",以反映物象里的"势"。禁经云:"八法起于隶字之始,自崔(瑗)张(芝)钟(繇)王(羲之)传授所用,该于万字而为墨道之最。"又云:"昔逸少(王羲之)攻书多载,廿七年偏攻永字。以其备八法之势,能通一切字也。"隋僧智永欲存王氏典型,以为百家法祖，故发其旨趣。智永的永字八法是：

　　丶 侧法第一（如鸟翻然侧下）

　　一 勒法第二（如勒马之用缰）

　　丨 努法第三（用力也）

　　亅 趯法第四（趯音剔，跳貌与跃同）

　　丿 策法第五（如策马之用鞭）

　　丿 掠法第六（如篦之掠发）

　　⼂ 啄法第七（如鸟之啄物）

　　乀 磔法第八（磔音窄，裂牲谓之磔，笔锋开张也）

　　八笔合成一个永字。宋人姜白石《续书谱》说："真书用笔，自有八法，我尝采古人之字，列之为图，今略言其指。点者，字之眉目，全借顾盼精神，有向有背，……所贵长短合宜，结束坚实。八 者，字之手足，伸缩异度，变化多端，要如鱼翼鸟翅，有翩翩自得之状。乚丨者，字之步履，欲其沉实。"这都是说笔画的变形多端，总之，在于反映生命的运动。这些生命运动在宇宙线里感得自由自在，呈"翩翩自得之状"，这就是美。但这些笔画，由于悬腕中锋，运全身之力以赴之，笔迹落纸，一个点不是平铺的一个面，而是有深度的，它是螺旋运动的终点，显示着力量，跳进眼帘。点，不称点而称为侧，是说它的"势"，左顾右瞵，欹侧不平。卫夫人笔阵图里说："点如高峰坠石，磕磕然实如崩也。"这是何等石破天惊的力量。一个横画不说是横，而称为勒，是说它的"势"，牵僵勒马，跃然纸上。钟繇云："笔迹者界也，流美者人也。""美"就是势、是力，就是虎虎有生气的节奏。这里见到中国人的美学倾向于壮美，和谢赫的《画品录》里的见地相一致。

一笔而具八法，形成一字，一字就像一座建筑，有栋梁椽柱，有间架结构。西方美学从希腊的庙堂抽象出美的规律来。如均衡、比例、对称、和谐、层次、节奏，等等，至今成为西方美学里美的形式的基本范畴，是西方美学首先要加以分析研究的。我们从古人论书法的结构美里也可以得到若干中国美学的范畴，这就可以拿来和西方美学里的诸范畴作比较研究，观其异同，以丰富世界的美学内容，这类工作尚有待我们开始来做。现在我们谈谈中国书法里的结构美。

二、结构

字的结构，又称布白，因字由点画连贯穿插而成，点画的空白处也是字的组成部分，虚实相生，才完成一个艺术品。空白处应当计算在一个字的造形之内，空白要分布适当，和笔画具同等的艺术价值。所以大书家邓石如曾说书法要"计白当黑"，无笔墨处也是妙境呀！这也像一座建筑的设计，首先要考虑空间的分布，虚处和实处同样重要。中国书法艺术里这种空间美，在篆、隶、真、草、飞白里有不同的表现，尚待我们钻研；就像西方美学研究哥特式、文艺复兴式、巴洛克式建筑里那些不同的空间感一样。空间感的不同，表现着一个民族、一个时代、一个阶级，在不同的经济基础上，社会条件里不同的世界观和对生活最深的体会。

商周的篆文、秦人的小篆、汉人的隶书八分、魏晋的行草、唐人的真书、宋明的行草，各有各的姿态和风格。古人曾说："晋人尚韵，唐人尚法，宋人尚意，明人尚态。"这是人们开始从字形的结构和布白里见到各时代风格的不同。（书法里这种不同的风格也可以在它们同时代的其他艺术里去考察。）

"唐人尚法"，所以在字体上真书特别发达（当然有它的政治原因、社会基础，现在不多述），他们研究真书的字体结构也特别细致。字体结构中的"法"，唐人的探讨是有成就的。人类是依据美的规律来创造的，唐人所述的书法中的"法"，是我们研究中国古代的美感和美学思想的好资料。

相传唐代大书家欧阳询曾留下真书字体结构法三十六条（故宫现在藏有他自己的墨迹《梦奠帖》）。由于它的重要，我不嫌累赘，把它全部写出来，供我们研究中国美学的同志们参考，我觉得我们可以从它们开始来窥探中国美学思想里的一些基本范畴。我们可以从书法里的审美观念再通于中国其他艺术，如绘画、建筑、文学、音乐、舞蹈、工艺美术等。我以为这有美学方法论的价值。但一切艺术中的法，只是法，是要灵活运用，要从有法到无法，表现出艺术家独特的个性与风格来，才是真正的艺术。艺术是创造出来，不是"如法炮制"的。何况这三十六条只是适合于真书的，对于其他书体应当研究它们各自的内在的美学规律。现在介绍欧阳询的结字三十六法，是依据戈守智所纂著的《汉溪书法通解》。他自己的阐发也很多精义，这里引述不少，不一一注出。

（1）排叠

字欲其排叠，疏密停匀，不可或阔或狭，如〔壽藁畫筆麗贏爨〕之字，系旁言旁之类，八法所谓分间布白，又曰调匀点画是也。

戈守智说："排者，排之以疏其势。叠者，叠之以密其间也。大凡字之笔画多者，欲其有排特之势。不言促者，欲其字里茂密，如重花叠叶，笔笔生动，而不见拘苦繁杂之态。则排叠之所以善也。故曰'分间布白'，谓点画各有位置，则密处不犯而疏处不离。又曰'调匀点画'，谓随其字之形体，以调匀其点画之大小与长短疏密也。"

李淳亦有堆积二例，谓堆者累累重叠，欲其铺匀。积者，總總繁紊，求其整饬。〔晶品晶磊〕堆之例也。〔爨欝籲縻〕积之例也。而别置〔壽疉畫量〕为匀画一例。〔馨聲繁繋〕为错综一例，俱不出排叠之法。

（2）避就

避密就疏，避险就易，避远就近。欲其彼此映带得宜，如〔廬〕字上一撇既尖，下一撇不应相同。〔俯〕字一笔向下，一笔向左。〔逢〕字下"辶"拨出，则上笔作点，亦避重叠而就简径也。

（3）顶戴

顶戴者，如人戴物而行，又如人高妆大髻，正看时，欲其上下皆正，使无偏侧之形。旁看时，欲其玲珑松秀，而见结构之巧。如〔臺〕〔響〕〔營〕〔帶〕。戴之正势也。高低轻重，纤毫不偏。便觉字体稳重。〔聳〕〔藝〕〔髦〕〔驚〕，戴之侧势也。长短疏密，极意作态，便觉字势峭拔。又此例字，尾轻则灵，尾重则滞，不必过求匀称，反致失势。（戈守智）

（4）穿插

穿者，穿其宽处。插者插其虚处也。如〔中〕字以竖穿之。〔册〕字以画穿之。〔爽〕字以撇穿之。皆穿法也。〔曲〕字以竖插之，〔爾〕字以〔乂〕插之。〔密〕字以点啄插之。皆插法也。（戈）

○ 东晋　顾恺之《女史箴图》(局部)

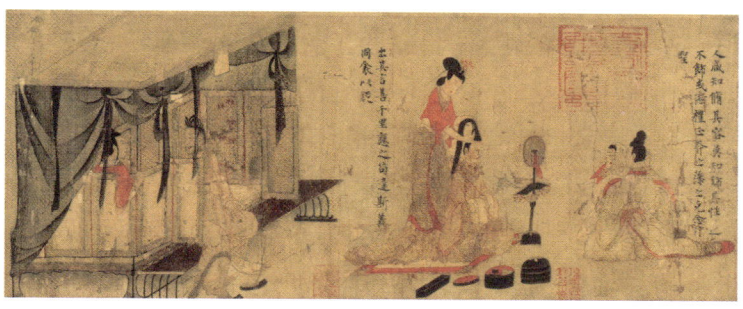

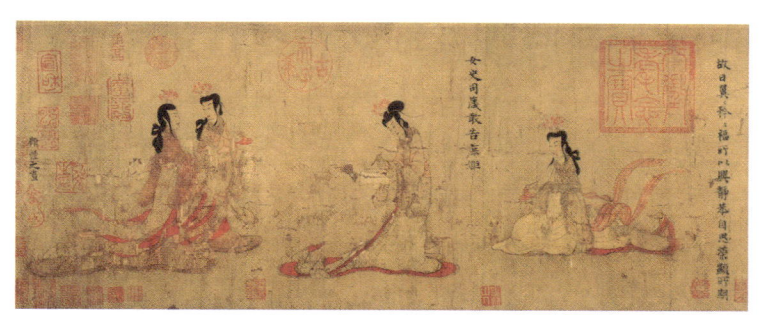

唐　张旭《古诗四帖》

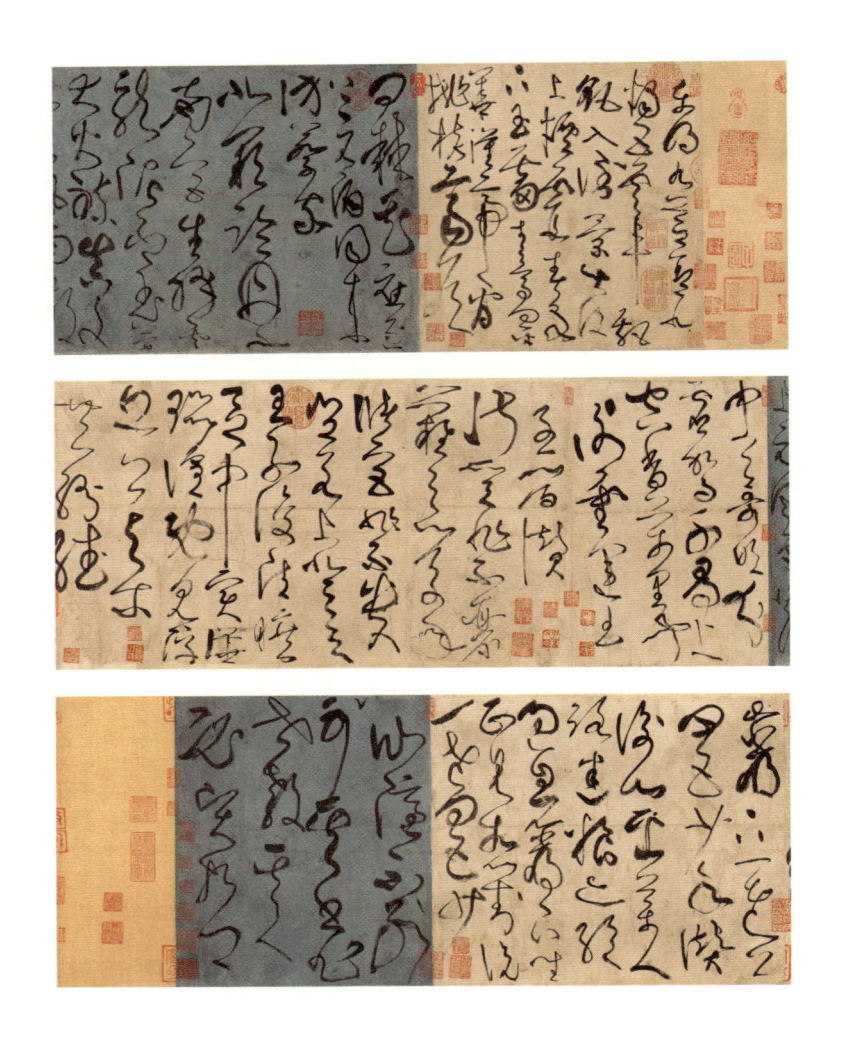

○ 五代　顾闳中《韩熙载夜宴图》(局部)

五代 佚名《雪渔图》

○ 五代　周文矩《合乐图》

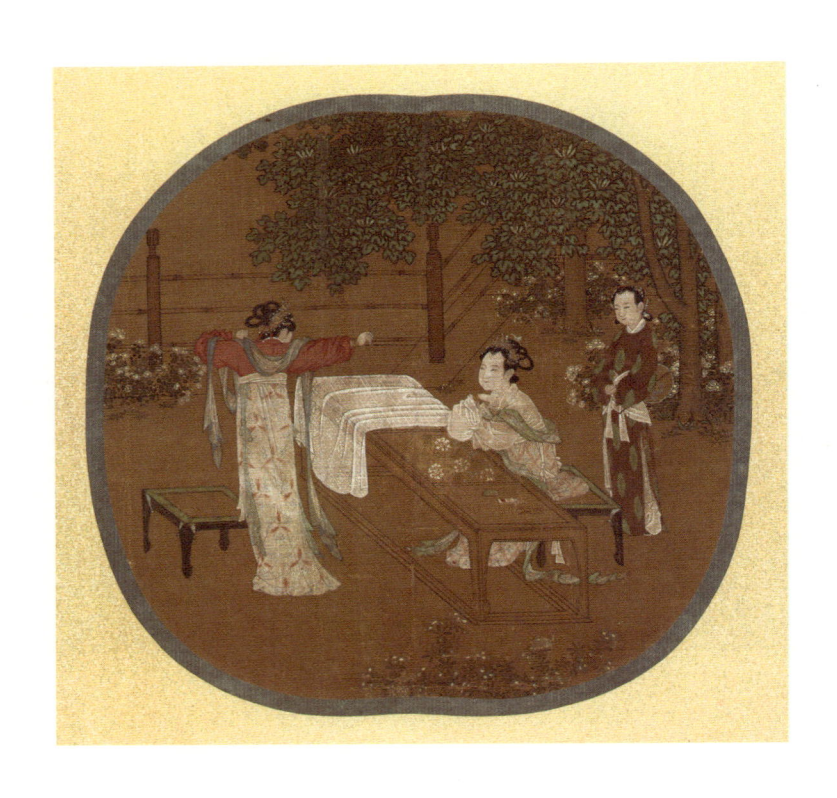

● 宋　刘松年《宫女图》团扇页

宋　赵佶《听琴图》

宋 佚名《十八学士图》

宋 苏汉臣《冬日婴戏图》

● 宋　米芾《淡墨秋山诗帖》

○ 元　赵孟頫《鹊华秋色图》

元 王蒙《具区林屋图》

○ 元　马君祥　永乐宫三清殿壁画《朝元图》（局部）

● 明 仇英《桃源仙境图》

明 蓝瑛《秋山渔隐图》

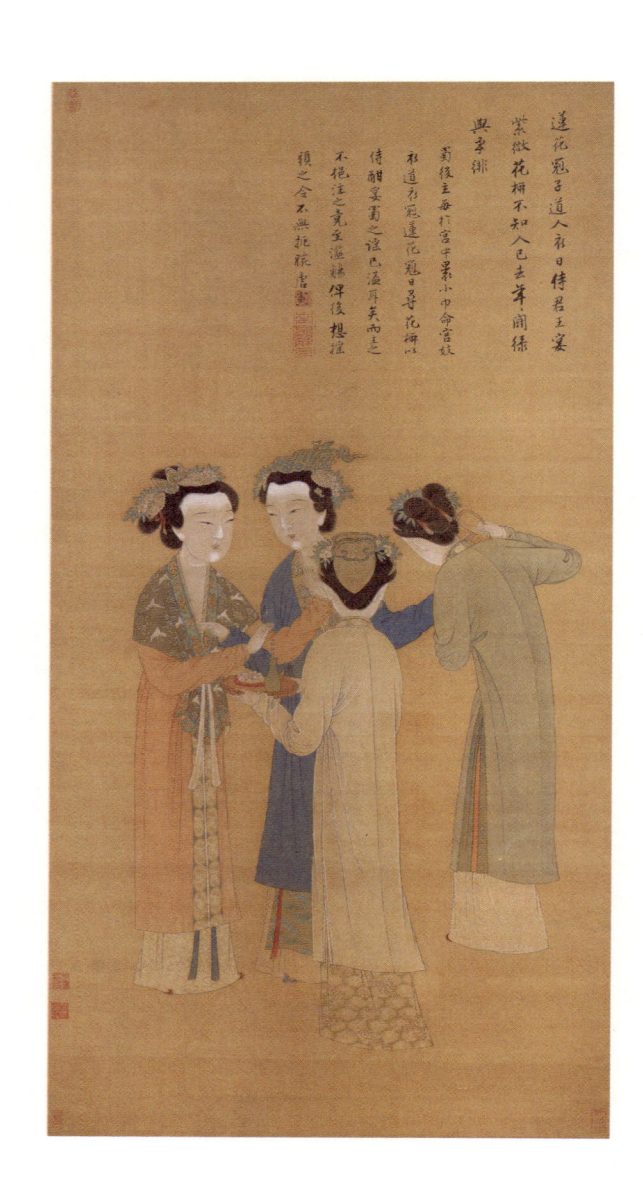

明 唐寅《王蜀宫妓图》

（5）向背

向背，左右之势也。向内者向也。向外者背也。一内一外者，助也。不内不外者，并也。如〔好〕字为向，〔北〕字为背，〔腿〕字助右，〔剔〕字助左，〔貽〕、〔棘〕之字并立。（戈）

（6）偏侧

一字之形，大都斜正反侧，交错而成，然皆有一笔主其势者。陈绎曾所谓以一为主，而七面之势倾向之也。下笔之始，必先审势。势归横直者正。势归斜侧戈勾者偏。（戈）

（7）挑㨿

连者挑，曲者㨿。挑者取其强劲，㨿者意在虚和。如〔戈弋丸气〕，曲直本是一定，无可变易也。又如〔獻勵〕之撇，婉转以附左，〔省炙〕之撇，曲折以承上，此又随字变化，难以枚举也。（戈）

（8）相让

字之左右，或多或少，须彼此相让，方为尽善。如〔馬旁糸旁鳥旁〕诸字，须左边平直，然后右边可作字，否则妨碍不便。如〔戀〕字以中央言字上画短，让两糸出，如〔辦〕字以中央力字近下，让两辛字出。又如〔鳴呼〕字，口在左者，宜近上，〔和〕〔扣〕字，口在右者，宜近下。使不妨碍然后为佳。

- 143 -

（9）补空

补空，补其空处，使与完处相同，而得四满方正也。又疏势不补，惟密势补之。疏势不补者，谓其势本疏而不整。如〔少〕字之空右。〔戈〕字之空左。岂可以点撇补方。密势补之者，如智永千字文书耻字，以左画补右。欧因之以书聖字。法帖中此类甚多，所以完其神理，而调匀其八边也。

又如〔年〕字谓之空一，谓二画之下，须空出一画地位，而后置第三画也。

〔乎〕字谓之豁二，谓一画之下，须空出两画地位，而后置二画也。〔烹〕字谓之隔三，谓了字中勾，须空三画地位，而后置下四点也。右军云"实处就法，虚处藏神"，故又不得以匀排为补空。（戈）

（按：此段说出虚实相生的妙理，补空要注意"虚处藏神"。补空不是取消虚处，而正是留出空处，而又在空处轻轻着笔，反而显示出虚处，因而气韵流动，空中传神，这是中国艺术创造里一条重要的原理。贯通在许多其他艺术里面。）

（10）覆盖

覆盖者，如宫室之覆于上也。宫室取其高大。故下面笔画不宜相著，左右笔势意在能容，而复之尽也。如〔寶容〕之类，点须正，画须圆明，不宜相著与上长下短也。薛绍彭曰：篆多垂势而下含，隶多仰势而上逞。

（11）贴零

如〔令今冬寒〕之类是也。贴零者因其下点零碎，易于失势，故掂贴之也。疏则字体宽懈，蹙则不分位置。

（12）粘合

字之本相离开者，即欲粘合，使相著顾揖乃佳。如诸偏旁字〔卧鉴非門〕之类是也。

素靖曰：譬夫和风吹林，偃草扇树，枝条顺气，转相比附。赵孟頫曰毋似束薪，勿为冻蝇。徐渭曰字有惧其疏散而一味扭结，不免束薪冻蝇之似。

（13）捷速

李斯曰用笔之法，先急回，后疾下，如鹰望鹏逝，信之自然，不复重改，王羲之曰一字之中须有缓急，如乌字下，首一点，点须急，横直即须迟，欲乌之急脚，斯乃取形势也。〔風鳳〕等字亦取腕势，故不欲迟也。《书法三昧》曰〔風〕字两边皆圆，名金剪刀。

（14）满不要虚

如〔園圖國回包南隔目四勾〕之类是也。莫云卿曰为外称内，为内称外，〔國圖〕等字，内称外也。〔齒幽〕等，外称内也。

（15）意连

字有形断而意连者如〔之以心必小川州水求〕之类是也。

字有形体不交者，非左右映带，岂能连络，或有点画散布，笔意相反者，尤须起伏照应，空处连络，使形势不相隔绝，则虽疏而不离也。（戈）

（16）复冒

复冒者，注下之势也。务在停匀，不可偏侧欹斜。凡字之上大者，必复冒其下，如〔雨〕字头、〔穴〕字头之类是也。

（17）垂曳

垂者垂左，曳者曳右也。皆展一笔以疏宕之。使不拘挛，凡字左缩者右垂，右缩者左曳，字势所当然也。垂如〔卿鄉都夘夆〕之类。曳如〔水支欠皮更之走民也〕之类是也（曳，徐也，引也，牵也）。（戈）

（18）借换

如醴泉铭〔祕〕字，就示字右点作必字左点，此借换也。又如〔鹅〕字写作〔鵞〕之类，为其字难结体，故互换如此，亦借换也。作字必从正体，借换之法，不得已而用之。（戈）

（19）增减

字之有难结体者或因笔画少而增添，或因笔画多而减省。（按：六朝人书此类甚多。）

（20）应副

字之点画稀少者，欲其彼此相映带，故必得应副相称而后可。又如〔龍诗譬轉〕之类，必一画对一画，相应亦相副也。

更有左右不均者各自调匀，〔瓊曉註軸〕一促一疏。相让之中，笔意亦自相应副也。

（21）撑拄

字之独立者必得撑拄，然后劲健可观，如〔丁亭手亨宁于矛予可司弓永下卉草巾千〕之类是也。

凡作竖，直势易，曲势难，如〔千永下草〕之字挺拔而笔力易劲，〔亨矛宁弓〕之字和婉而笔势难存，故必举一字之结束而注意为之，宁迟毋速，宁重毋佻，所谓如古木之据崖，则善矣。

（按：舞蹈也是"和婉而形势难存"的，可在这里领悟劲健之理："宁重毋佻。"）

（22）朝揖

朝揖者，偏旁凑合之字也。一字之美，偏旁凑成，分拆看时，各自成美。故朝有朝之美，揖有揖之美。正如百物之状，活动圆备，各各自足，众美具也。（戈）王世贞曰凡数字合为一字者，必须相顾揖而后联络也。（按：令人联想双人舞。）

（23）救应

凡作一字，意中先已构一完成字样，跃跃在纸矣。及下笔时仍

复一笔顾一笔，失势者救之，优势者应之，自一笔至十笔廿笔，笔笔回顾，无一懈笔也。（戈）

解缙曰上字之与下字，左行之与右行，横斜疏密，各有攸当，上下连延，左右顾瞩，八面四方，有如布阵，纷纷纭纭，斗乱而不乱，浑浑沌沌，形圆而不可破。

（24）附丽

字之形体有宜相附近者，不可相离，如〔影形飞起超飲勉〕，凡有〔文旁欠旁〕者之类。以小附大，以少附多。

附者立一以为正，而以其一为附也。凡附丽者，正势既欲其端凝，而旁附欲其有态，或婉转而流动，或拖沓而偃蹇，或作势而趋先，或迟疑而托后，要相体以立势，并因地以制宜，不可拘也。如〔廟飛澗胤嬘懸導影形猷〕之类是也。（戈）（按：此段可参考建筑中装饰部分。）

（25）回抱

回抱向左者如〔曷丐易匋〕之类，向右者如〔艮鬼包旭它〕之类是也。回抱者，回锋向内转笔勾抱也。太宽则散漫而无归，太紧，则逼窄而不可以容物，使其宛转勾环，如抱冲和之气，则笔势浑脱而力归手腕，书之神品也。（戈）

（26）包裹

谓如〔園圃〕之类，四围包裹也。〔尚向〕上包下，〔幽函〕

下包上。〔匿匡〕左包右，〔甸匈〕右包左之类是也。包裹之势要以端方而得流利为贵。非端方之难，端方而得流利之为难。

（27）小成大

字之大体犹屋之有墙壁也。墙壁既毁，安问纱窗绣户，此以大成小之势不可不知。然亦有极小之处而全体结束在此者。设或一点失所，则若美人之病一目。一画失势，则如壮士之折一股。此以小成大之势，更不可不知。

字以大成小者，如〔門辶〕之类。明人项穆曰："初学之士先立大体，横直安置，对待布白，务求匀齐方正，此以大成小也。"以小成大，则字之成形极其小。如〔孤〕字只在末后一捺，〔宁〕字只在末后一亅，〔欠〕字只在末后一点之类是也。《书诀》云："一点成一字之规，一字乃通篇之主。"

（28）小大成形

谓小字大字各有形势也。东坡曰："大字难于密结而无间，小字难于宽绰而有余。"若能大字密结，小字宽绰，则尽善尽美矣。

（29）小大与大小

《书法》曰大字促令小，小字放令大，自然宽猛得宜。譬如〔曰〕字之小，难与〔國〕字同大，如〔一〕〔二〕字之疏，亦欲字画与密者相间，必当思所以位置排布，令相映带得宜，然后为上。或曰谓上小下大，上大下小，欲其相称，亦一说也。

李淳曰："长者原不喜短，短者切勿求长。如〔自目耳茸〕与〔白曰臼四〕是也。大者既大，而妙于攒簇，小者虽小，而贵在丰严，如〔囊橐〕与〔厶工〕之类是也。"米芾曰："字有大小相称。且如写'太一之殿'，作四窠分，岂可将'一'字肥满一窠以配殿字乎？盖自有相称，大小不展促也。余尝书'天庆之观'，'天''之'字皆四笔，'庆''观'字多画，俱在下。各随其相称写之，挂起气势自带过，皆如大小一般，真有飞动之势也。"

（30）各自成形

凡写字，欲其合为一字亦好，分而异体亦好，由其能各自成形也。

（31）相管领

以上管下为"管"，以前领后之为"领"。由一笔而至全字，彼此顾盼，不失位置。由一字以至全篇，其气势能管束到底也。

（32）应接

字之点画欲其互相应接。两点者如〔小八卜〕自相应接，三点者如〔糸〕则左朝右，中朝上，右朝左。四点者如〔然〕〔無〕二字，则两旁两点相应，中间相接。

张绅说："古之写字，正如作文。有字法，有章法，有篇法。终篇结构，首尾相应。故羲之能为一笔书，谓《禊序》自'永'字至'文'字，笔意顾盼，朝向偃仰，阴阳起伏，笔笔不断，人不能也。"

（33）褊

魏风"维是褊心"陿陋之意也。又衣小谓之褊。故曰收敛紧密也。盖欧书之不及钟王者以其褊，而其得力亦在于褊。褊者欧之本色也。然如化度，九成，未始非冠裳玉，气度雍雍，既不寒俭而亦不轻浮。（戈）

（34）左小右大

左小右大，左荣右枯，皆执笔偏右之故。大抵作书须结体平正，若促左宽右，书之病也。此一节乃字之病，左右大小，欲其相停。人之结字，易于左小而右大，故此与下二节，皆著其病也。

（35）左高右低　左短右长

此二节皆字之病。

（36）却好

谓其包裹斗凑，不致失势，结束停当，皆得其宜也。

却好，恰到好处也。戈守智曰："诸篇结构之法，不过求其却好。疏密却好，排叠是也。远近却好，避就是也。上势却好，顶戴，覆冒，覆盖是也。下势却好，贴零，垂曳，撑拄是也。对代者，分亦有情，向背朝揖，相让，各自成形之却好也。联络者，交而不犯，粘合，意连，应副，附丽，应接之却好也。实则串插，虚则管领，合则救应，离则成形。因乎其所本然者而却好也。互换其大体,增减其小节,移实以补虚,借彼以益此。易乎其所同然者而却好也。搣者屈已以和,抱者虚中以待,谦之所以却好也。包者外张其势,满者内固其体,盈之所以却好也。褊者紧密,偏者偏侧,捷者捷速,令用时便非弊病,笔有大小,体有大小,书有大小,安置处更饶区分。故明结构之法,方得字体却好也。至于神妙变化在己,究亦不出规矩外也。"

（按：这段"却好"总结了书法美学,值得我们细玩。）

这一自古相传欧阳询的结体三十六法,是从真书的结构分析出字体美的构成诸法,一切是以美为目标。为了实现美,不怕依据美的规律来改变字形,就像希腊的建筑,为了创造美的形象,也改变了石柱形,不按照几何形学的线。我们古代美学里所阐明的美的形式的范畴在这里可以找到一些具体资料,这是对我们美学史研究者很有意义的事。这类的美学范畴,在别的艺术门类里,应当也可以发掘和整理出来。（在书法范围内,草书、篆书、隶书又有它们各自的美学规律,更应进行研究。）还有一层,中国书法里结体的规律,正像西洋建筑里结构规律那样,它们启示着西洋古希腊及中古哥特式艺术里空间感的型式,中国书法里的结体也显示着中国人的空间感的型式。我以前在另一文里说过："中国画里的空间构造,既不是凭借光影的烘染衬托,也不是移写雕像立体及建筑里的几何透视,而是显示一种类似音乐或舞蹈所引起的空间感型。确切地说，就是一种'书法的空间创造'。"

我们研究中国书法里的结体规律，是应当从这一较广泛、较深入的角度来进行的。这是一个美学的课题，也是一个意识形态史的课题。

从字体的个体结构到一幅整篇的章法，是这结构规律的扩张和应用。现在我们略谈章法，更可以窥探中国人的空间感的特征。

三、章法

以上所述字体结构三十六法里有"相管领"与"应接"二条已不是专论单个字体，同时也是一篇文字全幅的章法了。戈守智说："凡作字者，首写一字，其气势便能管束到底，则此一字便是通篇之领袖矣。假使一字之中有一二懈笔，即不能管领一行，一幅之中有几处出入，即不能管领一幅，此管领之法也。应接者，错举一字而言也。（按："错举"即随便举出一个字。）如上字作如何体段，此字便当如何应接，右行作如何体段，此字又当如何应接。假使上字连用大捺，则用翻点以承之。右行连用大捺，则用轻掠以应之，行行相向，字字相承，俱有意态，正如宾朋杂坐，交相应接也。又管领者如始之倡，应接者如后之随也。"

"相管领"好像一个乐曲里的主题，贯穿着和团结着全曲于不散，同时表出作者的基本乐思。"应接"就是在各个变化里相互照应，相互联系。这是艺术布局章法的基本原则。

我前曾引述过张绅说："古之写字，正如作文。有字法，有章法，有篇法。终篇结构，首尾相应。故羲之能为一笔书，谓《稧序》（即《兰亭序》）自'永'字至'文'字，笔意顾盼，朝向偃仰，阴阳起伏，笔笔不断，人不能也。"王羲之的《兰亭序》，不仅每个字结构优美，更注意全篇的章法布白，前后相管领，相接应，有主题，有变化。全篇中有十八个"之"字，每个结体不同，神态各异，暗示着变化，却又贯穿和联系着全篇。既执行着管领的任务，又于变化中前后相互接应，构成全幅的联络，使全篇从第一字"永"到末一字"文"一气贯注，风神潇洒，不粘不脱，表现王羲之的精神风度，也标出晋人对于美的最高理想。毋怪唐太宗和唐代各大书家那样宝爱它了。他们临写兰亭时，各有他不同的笔意，褚摹欧摹神情两样，但全篇的章法，分行布白，不敢稍有移动，兰亭的章法真具有美的典型的意义了。

王羲之题卫夫人《笔阵图》说："夫欲书者，先干研墨，凝神静思，预想字形大小，偃仰平直，振动令筋脉相连，意在笔前，然后作字。若平直相似，状若算子（即算盘上的算子），上下方整，前后齐平，此不是书，但得其点画尔！"

这段话指出了后世馆阁体、干禄书的弊病。我们现在爱好魏晋六朝的书法，北碑上不知名的人各种跌脱不羁的结构，它们正暗合羲之的指示。然而羲之的兰亭仍是千古绝作，不可企及。他自己也不能写出第二幅来，这里是创造。

从这种"创造"里才能涌出真正的艺术意境。意境不是自然主义地模写现实，也不是抽象的空想的构造。它是从生活的极深刻的和丰富的体验，情感浓郁，思想沉挚里突然地创造性地冒了出来的。音乐家凭它来制作乐调，书家凭它写出艺术性的书法，每一篇的章法是一个独创，表出独特的风格，丰富了人类的艺术收获。我们从《兰亭序》里欣赏到中国书法的美，也证实了羲之对于书法的美学思想。

至于殷代甲骨文、商周铜器款识，它们的布白之美，早已被人们赞赏。铜器的"款识"虽只寥寥几个字，形体简约，而布白巧妙奇绝，令人玩味不尽，愈深入地去领略，愈觉幽深无际，把握不住，绝不是几何学、数学的理智所能规划出来的。长篇的金文也能在整齐之中疏宕自在，充分表现书家的自由而又严谨的感觉。

殷初的文学中往往间以纯象形文学，大小参差、牡牝相衔，以全体为一字，更能见到相管领与接应之美。

中国古代商周铜器铭文里所表现章法的美，令人相信传说仓颉四目窥见了宇宙的神奇，获得自然界最深妙的形式的秘密。歌德曾论作品说:"题材人人看得见,内容意义经过努力可以把握,而形式对大多数人是一秘密。"

我们要窥探中国书法里章法、布白的美,探寻它的秘密,首先要从铜器铭文入手。我现在引述郭宝钧先生《由铜器研究所见到之古代艺术》(《文史》杂志,1944年2月第3卷,第3、4合刊)里一段论述来结束我这篇小文。郭先生说:"铭文排列以下行而左(即右行)为常式。在契文(即殷文)有龟板限制,卜兆或左或右,卜辞应之,因有下行而右(即左行)之对刻,金铭有踵为之者。又有分段接读者,有顺倒相间者,有文字行列皆反书者,皆偶有例也。章法展延,以长方幅为多,行小者纵长,行多者横长,亦有应适地位,上下参差,呈错落之状者,有以兽环为中心,展列九十度扇面式,兼为装饰者(在器外壁),后世书法演为艺术品,张挂屏联,与壁画同重,于此已兆其联。铭既下行,篆时一挥而下,故形成脉络相注之行气,而行与行间,在早期因字体结构不同,或长跨数字,或缩为一点,犄角错落,顾盼生姿。中晚期或界划方格,渐趋整饬,不惟注意纵贯,且多顾及横平,开秦篆汉隶之端矣。铭文所在,在同一器类,同一时代,大抵有定所。如早期鼎簋鬲位内壁两耳间,角单足,盘簋位内底;角爵斝杯位錾阴;戈矛斧瞿在柄内;瓿在足下外底,均为骤视不易见,细察又易见之地。骤视不易见者,不欲伤表面之美也。细察又易见者,附铭识别之本意也,似古人对书画，有表里公私之辨认。画者世之所同也，因在表，惟恐人之不见，以彰其美，有一道同风之意焉。铭者己之所独也，因在里，惟恐人之遽见，以藏其私，有默而识之之意焉（以器容物，则铭文被淹，然若遗失则有识别）。此早期格局也。中期以铭文为宝书，尚巨制，器小莫容，集中鼎簋。以二者口阔底平，便施工也。晚期简帛盛行，金铭反简短，器尚薄制，铸者少，刻者多。为施工之便，故鬲移器口，鼎移外肩，壶移盖周，随工艺为转移。至各期具盖之器，大抵对铭，可互校以识新义。同组同铸之器，大抵同铭，如列鼎编钟，亦有互校之益。又有一铭分载多器者，齐侯七钟其适例（簋亦有此，见《澂秋馆》）。"

铜器铭刻因适应各器的形状、用途及制造等条件，变易它们的行列、方向、地位，于是受迫而呈现不同的形式，却更使它们丰富多样，增加艺术价值。令人见到古代劳动人民在创制中如何与美相结合。

第十二讲

中国古代的音乐寓言与音乐思想

寓言,是有所寄托之言。《史记》上说:"庄周著书十余万言,大抵率寓言也。"庄周书里随处都见到用故事、神话来说出他的思想和理解。我这里所说的寓言包括神话、传说、故事。音乐是人类最亲密的东西,人有口有喉,自己会吹奏歌唱;有手可以敲打、弹拨乐器;有身体动作可以舞蹈。音乐这门艺术可以备于人的一身,无待外求。所以在人群生活中发展得最早,在生活里的势力和影响也最大。诗、歌、舞及拟容动作,戏剧表演,极早时就结合在一起。但是对我们最亲密的东西并不就是最被认识和理解的东西,所谓"百姓日用而不知"。所以古代人民对音乐这一现象感到神奇,对它半理解半不理解。尤其是人们在很早就在弦上管上发现音乐规律里的数的比例,那样严整,叫人惊奇。中国人早就把律、度、量、衡结合,从时间性的音律来规定空间性的度量,又从音律来测量气候,把音律和时间中的历结合起来(甚至于凭音来测地下的深度,见《管子》)。太史公在《史记》里说:"阴阳之施化,万物之终始,既类旅于律吕,又经历于日辰,而变化之情可见矣。"变化之情除数学的测定外,还可从律吕来把握。

希腊哲学家毕达哥拉斯发现琴弦上的长短和音高成数的比例，他见到我们情感体验里最深秘难传的东西——音乐，竟和我们脑筋里把握得最清晰的数学有着奇异的结合，觉得自己是窥见宇宙的秘密了。后来西方科学就凭数学这把钥匙来启开大自然这把锁，音乐却又是直接地把宇宙的数理秩序诉之于情感世界，音乐的神秘性是加深了，不是减弱了。

音乐在人类生活及意识里这样广泛而深刻的影响，就在古代以及后来产生了许多美丽的音乐神话、故事传说。哲学家也用音乐的寓言来寄寓他的最深难表的思想，像庄子。欧洲古代，尤其是近代浪漫派思想家、文学家爱好音乐，也用音乐故事来表白他们的思想，像德国文人蒂克的小说。

我今天就是想谈谈音乐故事、神话、传说，这里面寄寓着古人对音乐的理解和思想。我总合地称它们作音乐寓言。太史公在《史记》上说庄子书中大抵是寓言，庄子用丰富、活泼、生动、微妙的寓言表白他的思想，有一段很重要的音乐寓言，我也要谈到。

先谈谈音乐是什么？《礼记》里《乐记》上说得好："凡音之起，由人心生也。人心之动，物使之然也。感于物而动，故形于声。声相应，故生变，变成方，谓之音。比音而乐之，及干戚羽旄，谓之乐。"

构成音乐的音，不是一般的嘈声、响声，乃是"声相应，故生变,变成方,谓之音"。是由一般声里提出来的,能和"声相应",能"变成方",即参加了乐律里的音。所以《乐记》又说:"声成文,谓之音。"乐音是清音,不是凡响。由乐音构成乐曲,成功音乐形象。

这种合于律的音和音组织起来,就是"比音而乐之",它里面含着节奏、和声、旋律。用节奏、和声、旋律构成的音乐形象,和舞蹈、诗歌结合起来,就在绘画、雕塑、文学等造型艺术以外,拿它独特的形式传达生活的意境,各种情感的起伏节奏。一个堕落的阶级,生活颓废,心灵空虚,也就没有了生活的节奏与和谐。他们的所谓音乐就成了嘈声杂响,创造不出旋律来表现有深度有意义的生命境界。节奏、和声、旋律是音乐的核心,它是形式,也是内容。它是最微妙的创造性的形式,也就启示着最深刻的内容,形式与内容在这里是水乳难分了。音乐这种特殊的表现和它的深厚的感染力使得古代人民不断地探索它的秘密,用神话、传说来寄寓他们对音乐的领悟和理想。我现在先介绍欧洲的两个音乐故事。一个是古代的,一个是近代的。

古代希腊传说着歌者奥尔菲斯的故事说:歌者奥尔菲斯,他是首先给予木石以名号的人,他凭借这名号催眠了它们,使它们像着了魔,解脱了自己,追随他走。他走到一块空旷的地方,弹起他的七弦琴来,这空场上竟涌现出一个市场。音乐演奏完了,旋律和节奏却凝住不散，表现在市场建筑里。市民们在这个由音乐凝成的城市里来往漫步，周旋在永恒的韵律之中。歌德谈到这段神话时，曾经指出人们在罗马彼得大教堂里散步也会有这同样的经验，会觉得自己是游泳在石柱林的乐奏的享受中。所以在十九世纪初，德国浪漫派文学家口里流传着一句话说："建筑是凝冻着的音乐。"说这话的第一个人据说是浪漫主义哲学家谢林，歌德认为这是一个美丽的思想。到了十九世纪中叶，音乐理论家和作曲家姆尼兹·豪普德曼把这句话倒转过来，他在他的名著《和声与节拍的本性》里称呼音乐是"流动着的建筑"。这话的意思是说音乐虽是在时间里流逝不停地演奏着，但它的内部却具有着极严整的形式，间架和结构，依顺着和声、节奏、旋律的规律，像一座建筑物那样。它里面有着数学的比例。我现在再谈谈近代法国诗人梵乐希[①]写了一本论建筑的书，名叫《优班尼欧斯或论建筑》。这里有一段对话，是叙述一位建筑师和他的朋友费得诺斯在郊原散步时的谈话，他对费说："听呵，费得诺斯，这个小庙，离这里几步路，我替赫尔墨斯建造的，假使你知道，它对我的意义是什么？当过路的人看见它，不外是一个风姿绰约的小庙———一件小东西，四根石柱在一单纯的体式

---

①今译"瓦勒里"，法国作家、诗人，法兰西学术院院士，法国象征主义后期的主要代表性诗人。

中——我在它里面却寄寓着我生命里一个光明日子的回忆，啊，甜蜜可爱的变化呀！这个窈窕的小庙宇，没有人想到，它是一个珂玲斯女郎的数学的造像呀！这个我曾幸福地恋爱着的女郎，这小庙是很忠实地复示着她的身体的特殊的比例，它为我活着。我寄寓于它的，它回赐给我。"费得诺斯说："怪不得它有这般不可思议的窈窕呢！人在它里面真能感觉到一个人格的存在，一个女子的奇花初放，一个可爱的人儿的音乐的和谐。它唤醒一个不能达到边缘的回忆。而这个造型的开始——它的完成是你所占有的——已经足够解放心灵同时惊撼着它。倘使我放肆我的想象，我就要，你晓得，把它唤作一阕新婚的歌，里面夹着清亮的笛声，我现在已听到它在我内心里升起来了。"

这寓言里面有三个对象：

（一）一个少女的窈窕的躯体——它的美妙的比例，它的微妙的数学构造。

（二）但这躯体的比例却又是流动着的，是活人的生动的节奏、韵律；它在人们的想象里展开成为一出新婚的歌曲，里面夹着清脆的笛声，闪灼着愉快的亮光。

（三）这少女的躯体，它的数学的结构，在她的爱人的手里却实现成为一座云石的小建筑，一个希腊的小庙宇。这四根石柱由于微妙的数学关系发出音响的清韵，传出少女的幽姿，它的不可模拟的谐和正表达着少女的体态。艺术家把他的梦寐中的爱人永远凝结在这不朽的建筑里，就像印度的夏吉汗为纪念他的美丽的爱妻塔姬建造了那座闻名世界的塔姬后陵墓。这一建筑在月光下展开一个美不可言的幽境，令人仿佛见到夏吉汗的痴爱和那不可再见的美人永远凝结不散，像一出歌。

从梵乐希那个故事里，我们见到音乐和建筑和生活的三角关系。生活的经历是主体，音乐用旋律、和谐、节奏把它提高、深化、概括，建筑又用比例、匀衡、节奏，把它在空间里形象化。

这音乐和建筑里的形式美不是空洞的，而正是最深入地体现出心灵所把握到的对象的本质。就像科学家用高度抽象的数学方程式探索物质的核心那样。"真"和"美"，"具体"和"抽象"，在这里是出于一个源泉，归结到一个成果。

在中国的古代，孔子是个极爱音乐的人，也是最懂得音乐的人。《论语》上说他在齐闻韶，三月不知肉味。曰："不图为乐之至于斯也！"他极简约而精确地说出一个乐曲的构造。《论语·八佾》篇载：子语鲁太师乐曰："乐，其可知也！始作，翕如也。从之，纯如也。皦如也，绎如也。以成。"起始，众音齐奏。展开后，协调着向前演进，音调纯洁。继之，聚精会神，达到高峰，主题突出，音调响亮。最后，收声落调，余音袅袅，情韵不匮，乐曲在意味隽永里完成。这是多么简约而美妙的描述呀！

但是孔子不只是欣赏音乐的形式的美，他更重视音乐的内容的善。《论语·八佾》篇又记载："子谓韶，尽美矣，又尽善也。谓武，尽美矣，未尽善也。"这善不只是表现在古代所谓圣人的德行事功里，也表现在一个初生的婴儿的纯洁的目光里面。西汉刘向的《说苑》里记述一段故事说："孔子至齐郭门外，遇婴儿，其视精，其心正，其行端，孔子曰：'趣驱之，趣驱之，韶乐将作。'"他看见这婴儿的眼睛里天真圣洁，神一般的境界，非常感动，叫他的御者快些走近到他那里去，韶乐将升起了。他把这婴儿的心灵的美比作他素来最爱敬的韶乐，认为这是韶乐所启示的内容。由于音乐能启示这深厚的内容，孔子重视他的教育意义，他不要放郑声，因郑声淫，是太过，太刺激，不够朴质。他是主张文质彬彬的，主张绘事后素，礼同乐是要基于内容的美的。所以《子罕》篇记载他晚年说："吾自卫反鲁，然后乐正，雅颂各得其所。"他的正乐，大概就是将三百篇的诗整理得能上管弦，而且合于韶武雅颂之音。

孔子这样重视音乐，了解音乐，他自己的生活也音乐化了。这就是生活里把"条理"规律与"活泼的生命情趣"结合起来，就像音乐把音乐形式同情感内容结合起来那样。所以孟子赞扬孔子说："孔子，圣之时者也。孔子之谓集大成，集大成也者，金声而玉振之也。金声也者，始条理也。玉振之也者，终条理也。始条理者，智之事也。终条理者，圣之事也。智，譬则巧也，圣，譬则力也。由射于百步之外也，其至尔力也，其中，非尔力也。"力与智结合，才有"中"的可能。艺术的创造也是这样。艺术创作的完成，所谓"中"，不是简单的事。"其中，非尔力也"，光有力还不能保证它的必"中"呢！

从我上面所讲的故事和寓言里，我们看见音乐可能表达的三方面。一是形象的和抒情的：一个爱人的躯体的美可以由一个建筑物的数学形象传达出来，而这形象又好像是一曲新婚的歌。二是婴儿的一双眼睛令人感到心灵的天真圣洁，竟会引起孔子认为韶乐将作。三是孔子的丰富的人格是形式与内容的统一，始条理终条理，像一金声而玉振的交响乐。

《乐记》上说："歌者直己而陈德也。动己而天地应焉，四时和焉，星辰理焉，万物育焉。"中国古代人这样尊重歌者，不是和希腊神话里赞颂奥尔菲斯一样吗？但也可以从这里面看出它们的差别来。希腊半岛上城邦人民的意识更着重在城市生活里的秩序和组织，中国的广大平原的农业社会却以天地四时为主要环境，人们的生产劳动是和天地四时的节奏相适应。古人曾说，"同动谓之静"，这就是说，流动中有秩序，音乐里有建筑，动中有静。

希腊从梭龙到柏拉图都曾替城邦立法，着重在齐同划一，中国哲学家却认为"乐者天地之和，礼者天地之序"，"大乐与天地同和,大礼与天地同节"(《乐记》),更倾向着"和而不同",气象宏廓,这就是更倾向"乐"的和谐与节奏。因而中国古代的音乐思想,从孔子的论乐、荀子的《乐论》到《礼记》里的《乐记》——《乐记》里什么是公孙尼子的原来的著作,尚待我们研究,但其中却包含着中国古代极为重要的宇宙观念、政教思想和艺术见解。就像我们研究西洋哲学必须理解数学、几何学那样,研究中国古代哲学也要理解中国音乐思想。数学与音乐是中西古代哲学思维里的灵魂呀!(两汉哲学里的音乐思想和嵇康的声无哀乐论都极重要)数理的智慧与音乐的智慧构成哲学智慧。中国在哲学发展里曾经丧失了数学智慧与音乐智慧的结合,堕入庸俗;西方在毕达哥拉斯以后割裂了数学智慧与音乐智慧。数学孕育了自然科学,音乐独立发展为近代交响乐与歌剧,资产阶级的文化显得支离破碎。社会主义将为中国创造数学智慧与音乐智慧的新综合,替人类建立幸福的丰饶的生活和真正的文化。

我们在《乐记》里见到音乐思想与数学思想的密切结合。《乐记》上《乐象》篇里赞美音乐,说它"清明象天,广大象地,终始象四时,周旋象风雨,五色成文而不乱,八风从律而不奸,百度得数而有常。小大相成,终始相生,倡和清浊,迭相为经,故乐行而伦清,耳目聪明,血气和平,移风易俗,天下皆宁"。在这段话里见到音乐能够表象宇宙,内具规律和度数,对人类的精神和社会生活有良好影响，可以满足人们在哲学探讨里追求真、善、美的要求。音乐和度数和道德在源头上是结合着的。《乐记·师乙》上说："夫歌者直己而陈德也。动已而天地应焉，四诗和焉，星辰理焉，万物育焉。"德的范围很广，文治、武功、人的品德都是音乐所能陈述的德。所以《尚书·舜典》上说："帝曰：'夔，命汝典乐，教胄子，直而温，宽而栗，刚而无虐，简而无傲。诗言志，歌永言，声依永，律和声，八音克谐，无相夺伦，神人以和。'夔曰：'于，予击石，拊石，百兽率舞。'"

关于音乐表现德的形象，《乐记》上记载有关于大武的乐舞的一段，很详细，可以令人想见古代乐舞的"容"，这是表象周武王的武功，里面种种动作，含有戏剧的意味。同戏不同的地方就是乐人演奏时的衣服和舞时动作是一律相同的。这一段的内容是："且夫武，始而北出，再成而灭商，三成而南，四成而南国是疆，五成分，周公左，召公右，六成复缀，以崇天子。夹振之而驷伐，盛威于中国也。分夹而进，事蚤济也。久立于缀，以待诸侯之至也。"郑康成注曰："成，犹奏也，每奏武曲，一终为一成。始奏，象观兵盟津时也。再奏，象克殷时也。三奏，象克殷有余力而返也。四奏，象南方荆蛮之国侵畔者服也。五奏，象周公召公分职而治也。六奏，象兵还振旅也。复缀，反位止也。驷，当为四，声之误也。每奏四伐，一击一刺为一伐。分犹部曲也，事，犹为也。济，成

也。舞者各有部曲之列，又夹振之者，象用兵务于早成也。久立于缀，象武王伐纣待诸侯也。"（见《乐记·宾牟贾》）

我们在这里见到舞蹈、戏剧、诗歌和音乐的原始的结合。所以《乐象》篇文说："德者，性之端也。乐者，德之华也。金石丝竹，乐之器也。诗，言其志也。歌，咏其声也。舞，动其容也。三者本于心，然后乐器从之。是故情深而文明，气盛而化神，和顺积中，而英华发外，唯乐不可以为伪。"

古代哲学家认识到乐韵境界是极为丰富而又高尚的，它是文化的集冲和提高的表现。"情深而文明，气盛而化神，和顺积中，英华发外。"这是多么精神饱满，生活力旺盛的民族表现。"乐"的表现人生是"不可以为伪"，就像数学能够表示自然规律里的真那样，音乐表现生活里的真。

我们读到东汉傅毅所写的《舞赋》，它里面有一段细致生动的描绘，不但替我们记录了汉代歌舞的实况，表出这舞蹈的多彩而精妙的艺术性。而最难得的，是他描绘舞蹈里领舞女子的精神高超，意象旷远，就像希腊艺术家塑造的人像往往表现不凡的神境，高贵纯朴，静穆庄丽。但傅毅所塑造的形象却更能艳若春花，清如白鹤，令人感到华美而飘逸。这是在我以上所引述的几种音乐形象之外，另具一格的。我们在这些艺术形象里见到艺术净化人生，提高精神境界的作用。

王世襄同志曾把《舞赋》里这一段描绘译成语体文,刊载音乐出版社《民族音乐研究论文集》第一集。傅毅的原文收在《昭明文选》里,可以参看。我现在把译文的一段介绍于下,便于读者欣赏:

当舞台之上可以蹈踏出音乐来的鼓已经摆放好了,舞者的心情非常安闲舒适。她将神志寄托在遥远的地方,没有任何的挂碍。(原文:舒意自广,游心无垠,远思长想……)舞蹈开始的时候,舞者忽而俯身向下,忽而仰面向上,忽而跳过来,忽而跳过去。仪态是那样的雍容惆怅,简直难以用具体形象来形容。(原文:其始兴也,若俯若仰,若来若往,雍容惆怅,不可为象。)再舞了一会儿,她的舞姿又像要飞起来,又像在行走,又猛然耸立着身子,又忽地要倾斜下来。她不假思索的每一个动作,以至手的一指、眼睛的一瞥,都应着音乐的节拍。(原文:其少进也,若翱若行,若竦若倾,兀动赴度,指顾应声。)

轻柔的罗衣,随着风飘扬,长长的袖子,不时左右的交横,飞舞挥动,络绎不停,宛转袅绕,也合乎曲调的快慢。(原文:罗衣从风,长袖交横,骆驿飞散,飒擖合并。)她的轻而稳的姿势,好像栖歇的燕子,而飞跃时的疾速又像惊弓的鹊鸟。体态美好而柔婉,迅捷而轻盈,姿态真是美好到了极点,同时也显示了胸怀的纯洁。舞者的外貌能够表达内心——神志正在杳冥之处游行。(原文:鹍鹏燕居,拉揩鹄惊。绰约闲靡,机迅体轻,资绝伦之妙态,怀慤素之洁清,修仪操以显志兮,独驰思乎杳冥。)当她想到高山的时候,便真峨峨然有高山之势,想到流水的时候,便真洋洋然有流水之情。(原文:在山峨峨,在水汤汤。)她的容貌随着内心的变化而改易,所以没有任何一点表情是没有意义而多余的。(原文:与志迁化,容不虚生。)乐曲中间有歌词,舞者也能将它充分表达出来,没有使得感叹激昂的情致受到减损。那时她的气概真像浮云般的高逸,她的内心,像秋霜般的皎洁。像这样美妙的舞蹈,使观众都称赞不止,乐师们也自叹不如。〔原文:明诗表指(同旨),嘳(同喟)息激昂。气若浮云,志若秋霜,观者增叹,诸工莫当。〕

单人舞毕,接着是数人的鼓舞,她们挨着次序,登上鼓,跳起舞来,她们的容貌服饰和舞蹈技巧,一个赛过一个,意想不到的美妙舞姿也层出不穷,她们望着般鼓则流盼着明媚的眼睛,歌唱时又露出洁白的牙齿,行列和步伐,非常整齐。往来的动作。也都有所象征的内容,忽而回翔,忽而高骞。真仿佛是一群神仙在跳舞,拍着节奏的策板敲个不住,她们的脚趾踏在鼓上，也轻疾而不稍停顿，正在跳得往来悠悠然的时候，倏忽之间，舞蹈突然中止。等到她们回身再开始跳的时候，音乐换成了急促的节拍，舞者在鼓上做出翻腾跪跌种种姿态，灵活委宛的腰肢，能远远地探出，深深地弯下，轻纱做成的衣裳，像蛾子在那里飞扬。跳起来，有如一群鸟，飞聚在一起，慢起来，又非常舒缓，宛转地流动，像云彩在那里飘荡，她们的体态如游龙，袖子像白色的云霓。当舞蹈渐终，乐曲也将要完的时候，她们慢慢地收敛舞容而拜谢，一个个欠着身子，含着笑容，退回到她们原来的行列中去。观众们都说真好看，没有一个不是兴高采烈的。（原文不全引了。）

在傅毅这篇《舞赋》里见到汉代的歌舞达到这样美妙而高超的境界。领舞女子的"资绝伦之妙态，怀悫素之洁清，修仪操以显志，独驰思乎杳冥"。她的"舒意自广，游心无垠，远思长想，在山峨峨，在水汤汤，与志迁化，容不虚生，明诗表旨，唱息激昂，气若浮云，志若秋霜"。中国古代舞女塑造了这一形象，由傅毅替我们传达下来，它的高超美妙，比起希腊人塑造的女神像来，具有她们的高贵，却比她们更活泼，更华美，更有远神。

欧阳修曾说："闲和严静，趣远之心难形。"晋人就曾主张艺术意境里要有"远神"。陶渊明说："心远地自偏。"这类高逸的境界，我们已在东汉的舞女的身上和她的舞姿里见到。庄子的理想人物：藐姑射神人，绰约若处子，肌肤若冰雪，也体现在元朝倪云林的山水竹石里面。这舞女的神思意态也和魏晋人钟王的书法息息相通。王献之《洛神赋》书法的美不也是"翩若惊鸿，婉若游龙""神光离合，乍阴乍阳""皎若太阳升朝霞，灼若芙蕖出渌波"吗？（所引皆《洛神赋》中句）我们在这里不但是见到中国哲学思想、绘画及书法思想[①]和这舞蹈境界密切关联，也可以令人体会到中国古代的美的理想和由这理想所塑造的形象。这是我们的优良传统，就像希腊的神像雕塑永远是欧洲艺术不可企及的范本那样。

关于哲学和音乐的关系，除掉孔子的谈乐，荀子的《乐论》，《礼记》里《乐记》，《吕氏春秋》《淮南子》里论乐诸篇，嵇康的《声无哀乐论》（这文可和德国十九世纪汉斯里克的《论音乐的美》做比较研究），还有庄子主张"视乎冥冥，听乎无声，冥冥之中，独见晓焉，无声之中，独闻和焉，故深之又深，而能物焉"（《天地》）。这是领悟宇宙里"无声之乐"，也就是宇宙里最深微的结构型式。在庄子，这最深微的结构和规律也就是他

[①]关于中国书法里的美学思想，我写了一文，见前文《中国书法里的美学思想》，请参考。书法里的形式美的范畴主要是从空间形象概括的，音乐美的范畴主要是从时间里形象概括的。却可以相通。

所说的"道",是动的,变化着的,像音乐那样,"止之于有穷,流之于无止"。这道和音乐的境界是"逐丛生林,乐而无形,布挥而不曳,幽昏而无声,动于无方,居于窈冥……行流散徙,不主常声。……充满天地,苞裹六极"(《天运》),这道是一个五音繁会的交响乐。"逐丛生林",就是在群声齐奏里随着乐曲的发展,涌现繁富的和声。庄子这段文字使我们在古代"大音希声",淡而无味的,使魏文侯听了昏昏欲睡的古乐而外,还知道有这浪漫精神的音乐。这音乐,代表着南方的洞庭之野的楚文化,和楚铜器漆器花纹声气相通,和商周文化有对立的形势,所以也和古乐不同。

　　庄子在《天运》篇里所描述的这一出"黄帝张于洞庭之野的咸池之乐",却是和孔子所爱的北方的大舜的韶乐有所不同。《书经·舜典》上所赞美的乐是"声依永,律和声,八音克谐,无相夺伦,神人以和"的古乐,听了叫人"心气和平""清明在躬"。而咸池之乐,依照庄子所描写和他所赞叹的,却是叫人"惧""怠""惑""愚",以达于他所说的"道"。这是和《乐记》里所谈的儒家的音乐理想确正相反,而叫我们联想到十九世纪德国乐剧大师华格耐尔晚年精心的创作《巴希法尔》。这出浪漫主义的乐剧是描写阿姆伏塔斯通过"纯愚"巴希法尔才能从苦痛的罪孽的生活里解救出来。浪漫主义是和"惧""怠""惑""愚"有密切的姻缘。所以我觉得《庄子·天运》篇里这段对咸池之乐的描写是极其重要的,它是我们古代浪漫主义思想的代表作,可以和《书经·舜典》里那一段影响深远的音乐思想做比较观,尽管《书经》里这段话不像是尧舜时代的东西,《庄子》里这篇咸池之乐也不能上推到黄帝,两者都是战国时代的思想,但从这两派对立的音乐思想——古典主义的和浪漫主义的——可以见到那时音乐思想的丰富多彩,造诣精微,今天还有钻研的价值。由于它的重要,我现在把《庄子·天运》篇里这段全文引在下面:

> 北门成问于黄帝曰:"帝张咸池之乐于洞庭之野,吾始闻之惧,复闻之怠,卒闻之而惑,荡荡默默,乃不自得。"帝曰:"汝殆其然哉!吾奏之以人,征之以天,行之以礼义,建之以太清。……四时迭起,万物循生,一盛一衰,文武伦经。一清一浊,阴阳调和,流光其声,蛰虫始作。吾惊之以雷霆。其卒无尾,其始无首,一死一生,一偾一起,所常无穷,而一不可待。汝故惧也。吾又奏之以阴阳之和,烛之以日月之明,其声能短能长,能柔能刚,变化齐一,不主故常。在谷满谷,在坑满坑。涂却守神(意谓涂塞心知之孔隙,守凝一之精神),以物为量。其声挥绰,其名高明。是故鬼神守其幽,日月星辰行其纪。吾止之于有穷,流之于无止(意谓流与止——顺其自然也)。子欲虑之而不能知也。望之而不能见也。逐之而

不能及也。傥然立于四虚之道，倚于槁梧而吟，目之穷乎所欲见，力屈乎所欲逐，吾既不及已夫。（按：这正是华格耐尔音乐里"无止境旋律"的境界，浪漫精神的体现）形充空虚，乃至委蛇，汝委蛇故怠。（你随着它委蛇而委蛇，不自主动，故怠）吾又奏之以无怠之声，调之以自然之命。故若混。（按：此言重振主体能动性，以便和自然的客观规律相浑合）逐丛生林，乐而无形，布挥而不曳（此言挥霍不已，似曳而未尝曳），幽昏而无声，动于无方，居于窈冥，或谓之死，或谓之生，或谓之实，或谓之荣，行流散徙，不主常声。世疑之，稽于圣人。圣人者达于情而遂于命也。天机不张，而五官皆备，此之谓天乐。无言而心悦。故有焱氏为之颂曰：'听之不闻其声，视之不见其形，充满天地，苞裹六极。'汝欲听之，而无接焉。尔故惑也。（此言主客合一，心无分别，有如暗惑）乐也者始于惧，惧故祟。（此言乐未大和，听之悚惧，有如祸祟）吾又次之以怠。怠故遁。（此言遁于忘我之塘，泯灭内外）卒于惑，惑故愚，愚故道。（内外双忘，有如愚述，符合老庄所说的道。大智若愚也）道可载而与之俱也（人同音乐偕入于道）。"

老庄谈道，意境不同。老子主张"致虚极，守静笃，万物并作，吾以观其复"。他在狭小的空间里静观物的"归根""复命"。他在三十辐所共的一个毂的小空间里，在一个抟土所成的陶器的小空间里，在"凿户牖以为室"的小空间的天门的开阖里观察到"道"。道就是在这小空间里的出入往复，归根复命。所以他主张守其黑，知其白，不出户，知天下。他认为"五色令人目盲，五音令人耳聋"，他对音乐不感兴趣。庄子却爱逍遥游。他要游于无穷，寓于无境。他的意境是广漠无边的大空间。在这大空间里做逍遥游是空间和时间的合一。而能够传达这个境界的正是他所描写的，在洞庭之野所展开的咸池之乐。所以庄子爱好音乐，并且是弥漫着浪漫精神的音乐，这是战国时代楚文化的优秀传统，也是以后中国音乐文化里高度艺术性的源泉。探讨这一条线的脉络，还是我们的音乐史工作者的课题。

以上我们讲述了中国古代寓言和思想里可以见到的音乐形象，现在谈谈音乐创作过程和音乐的感受。《乐府古题要解》里解说琴曲《水仙操》的创作经过说："伯牙学琴于成连，三年而成。至于精神寂寞，情之专一，未能得也。成连曰：'吾之学不能移人之情，吾之师有方子春在东海中。'乃赍粮从之，至蓬莱山，留伯牙曰：'吾将迎吾师！'划船而去，旬日不返。伯牙心悲，延颈四望，但闻海水汩没，山林窅冥，群鸟悲号。仰天叹曰：'先生将移我情！'乃援操而作歌云：'繄洞庭兮流斯护，舟楫逝兮仙不还。

移形素兮蓬莱山,欹钦伤宫仙不还。'伯牙遂为天下妙手。"

"移情"就是移易情感,改造精神,在整个人格的改造基础上才能完成艺术的造就,全凭技巧的学习还是不成的。这是一个深刻的见解。

至于艺术的感受,我们试读下面这首诗。唐诗人郎士元《听邻家吹笙》诗云:"凤吹声如隔彩霞,不知墙外是谁家,重门深锁无寻处,疑有碧桃千树花。"这是听乐时引起人心里美丽的意象"碧桃千树花"。但是这是一般人对于音乐感受的习惯,各人感受不同,主观里涌现出的意象也就可能两样。"知音"的人要深入地把握音乐结构和旋律里所潜伏的意义。主观虚构的意象往往是肤浅的。"志在高山,志在流水"时,作曲家不是模拟流水的声响和高山的形状,而是创造旋律来表达高山流水唤起的情操和深刻的思想。因此,我们在感受音乐艺术中也会使我们的情感移易,受到改造,受到净化、深化和提高的作用。唐诗人常建的《江上琴兴》一诗写出了这净化深化的作用。

> 江上调玉琴,一弦清一心。
> 泠泠七弦遍,万木澄幽阴。
> 能使江月白,又令江水深。
> 始知梧桐枝,可以徽黄金。

琴声使江月加白，江水加深。不是江月的白，江水的深，而是听者意识体验得深和纯净。明人石沉《夜听琵琶》诗云：

> 娉婷少妇未关愁，
> 清夜琵琶上小楼。
> 裂帛一声江月白，
> 碧云飞起四山秋。

音响的高亮，令人神思飞动，如碧云四起，感到壮美。这些都是从听乐里得到的感受。它使我们对于事物的感觉增加了深度，增加了纯净。就像我们在科学研究里通过高度的抽象思维，离开了自然的表面，反而深入自然的核心，把握到自然现象最内在的数学规律和运动规律那样，音乐领导我们去把握世界生命万千形象里最深的节奏的起伏。庄子说："无声之中，独闻和焉。"所以我们在戏曲里运用音乐的伴奏才更深入地刻画出剧情和动作。希腊的悲剧原来诞生于音乐呀！

音乐使我们心中幻现出自然的形象，因而丰富了音乐感受的内容。画家诗人却由于在自然现象里意识到音乐境界而使自然形象增加了深度。六朝画家宗炳爱游山水，归来后把所见名山画在壁上，

"坐卧向之。谓人曰：抚琴动操，欲令众山皆响。"唐初诗人顾况有《范山人画山水歌》云：

> 山峥嵘，水泓澄，
> 漫漫汗汗一笔耕，
> 一草一木栖神明。
> 忽如空中有物，物中有声，
> 复如远道望乡客，梦绕山川身不行。

身不行而能梦绕山川，是由于"空中有物，物中有声"，而这又是由于"一草一木栖神明"，才启示了音乐境界。

这些都是中国古代的音乐思想和音乐意象。

（笔者附言：1961年12月28日中国音乐家协会约我做了这个报告，现在展写成篇，请读者指教。）

第十三讲

论中西画法的渊源与基础

人类在生活中所体验的境界与意义，有用逻辑的体系范围之、条理之，以表出来的，这是科学与哲学。有在人生的实践行为或人格心灵的态度里表达出来的，这是道德与宗教。但也还有那在实践生活中体味万物的形象，天机活泼，深入"生命节奏的核心"，以自由谐和的形式，表达出人生最深的意趣，这就是"美"与"美术"。

所以美与美术的特点是在"形式"、在"节奏"，而它所表现的是生命的内核，是生命内部最深的动，是至动而有条理的生命情调。"一切的艺术都是趋向音乐的状态。"这是派脱（W. Pater）最堪玩味的名言。

美术中所谓形式，如数量的比例、形线的排列（建筑）、色彩的和谐（绘画）、音律的节奏，都是抽象的点、线、面、体或声音的交织结构。为了集中地提高地和深入地反映现实的形相及心情诸感，使人在摇曳荡漾的律动与谐和中窥见真理，引人发无穷的意趣，绵渺的思想。

所以形式的作用可以别为三项：

（一）美的形式的组织，使一片自然或人生的内容自成一独立的有机体的形象，引动我们对它能有集中的注意、深入的体验。"间隔化"是"形式"的消极的功用。美的对象之第一步需要间隔。图画的框、雕像的石座、堂宇的栏杆台阶、剧台的帘幕（新式的配光法及观众坐黑暗中）、从窗眼窥青山一角、登高俯瞰黑夜幕罩的灯火街市，这些美的境界都是由各种间隔作用造成。

（二）美的形式之积极的作用是组织、集合、配置。一言蔽之，是构图。使片景孤境能织成一内在自足的境界，无待于外而自成一意义丰满的小宇宙，启示着宇宙人生的更深一层的真实。

希腊大建筑家以极简单朴质的形体线条构造典雅庙堂，使人千载之下瞻赏之犹有无穷高远圣美的意境，令人不能忘怀。

（三）形式之最后与最深的作用，就是它不只是化实相为空灵，引人精神飞越，超入美境；而尤在它能进一步引人"由美入真"，探入生命节奏的核心。世界上唯有最生动的艺术形式……如音乐、舞蹈姿态、建筑、书法、中国戏面谱、钟鼎彝器的形态与花纹……乃最能表达人类不可言、不可状之心灵姿式与生命的律动。

每一个伟大时代，伟大的文化，都欲在实用生活之余裕，或在社会的重要典礼，以庄严的建筑、崇高的音乐、闳丽的舞蹈，表达这生命的高潮、一代精神的最深节奏。（北平天坛及祈年殿是象征中国古代宇宙观最伟大的建筑）建筑形体的抽象结构、音乐的节律与和谐、舞蹈的线纹姿式,乃最能表现吾人深心的情调与律动。

吾人借此返于"失去了的和谐,埋没了的节奏",重新获得生命的中心,乃得真自由、真生命。美术对于人生的意义与价值在此。

中国的瓦木建筑易于毁灭,圆雕艺术不及希腊发达,古代封建礼乐生活之形式美也早已破灭。民族的天才乃借笔墨的飞舞,写胸中的逸气(逸气即是自由的超脱的心灵节奏)。所以中国画法不重具体物象的刻画,而倾向抽象的笔墨表达人格心情与意境。中国画是一种建筑的形线美、音乐的节奏美、舞蹈的姿态美。其要素不在机械的写实,而在创造意象,虽然它的出发点也极重写实,如花鸟画写生的精妙,为世界第一。

中国画真像一种舞蹈,画家解衣盘礴,任意挥洒。他的精神与着重点在全幅的节奏生命而不沾滞于个体形相的刻画。画家用笔墨的浓淡,点线的交错,明暗虚实的互映,形体气势的开合,谱成一幅如音乐如舞蹈的图案。物体形象固宛然在目,然而飞动摇曳,似真似幻,完全溶解浑化在笔墨点线的互流交错之中!

西洋自埃及、希腊以来传统的画风,是在一幅幻现立体空间的画境中描出圆雕式的物体。特重透视法、解剖学、光影凸凹的晕染。画境似可走进,似可手摩,它们的渊源与背景是埃及、希腊的雕刻艺术与建筑空间。

在中国则人体圆雕远不及希腊发达，亦未臻最高的纯雕刻风味的境界。晋、唐以来塑像反受画境影响，具有画风。杨惠之的雕塑是和吴道子的绘画相通。不似希腊的立体雕刻成为西洋后来画家的范本。而商、周钟鼎敦尊等彝器则形态沉重浑穆、典雅和美，其表现中国宇宙情绪可与希腊神像雕刻相当。中国的画境、画风与画法的特点当在此种钟鼎彝器盘鉴的花纹图案及汉代壁画中求之。

在这些花纹中人物、禽兽、虫鱼、龙凤等飞动的形相，跳跃宛转，活泼异常。但它们完全溶化浑合于全幅图案的流动花纹线条里面。物象融于花纹，花纹亦即原本于物象形线的蜕化、僵化。每一个动物形象是一组飞动线纹之节奏的交织，而融合在全幅花纹的交响曲中。它们个个生动，而个个抽象化，不雕凿凹凸立体的形似，而注重飞动姿态之节奏和韵律的表现。这内部的运动，用线纹表达出来的，就是物的"骨气"（张彦远《历代名画记》云：古之画或遗其形似而尚其骨气）。骨是主持"动"的肢体，写骨气即是写着动的核心。中国绘画六法中之"骨法用笔"，即系运用笔法把捉物的骨气以表现生命动象。所谓"气韵生动"是骨法用笔的目标与结果。

在这种点线交流的律动的形相里面，立体的、静的空间失去意义，它不复是位置物体的间架。画幅中飞动的物象与"空白"处处交融，结成全幅流动的虚灵的节奏。空白在中国画里不复是包举万象位置万物的轮廓，而是溶入万物内部，参加万象之动的虚灵的"道"。画幅中虚实明暗交融互映，构成飘渺浮动的氤氲气韵，真如我们目睹的山川真景。此中有明暗、有凹凸、有宇宙空间的深远，但却没有立体的刻画痕；亦不似西洋油画如可走进的实景，乃是一片神游的意境。因为中国画法以抽象的笔墨把捉物象骨气，写出物的内部生命，则"立体体积"的"深度"之感也自然产生，正不必刻画雕凿，渲染凹凸，反失真态，流于板滞。

然而中国画既超脱了刻板的立体空间、凹凸实体及光线阴影；于是它的画法乃能笔笔灵虚，不滞于物，而又笔笔写实，为物传神。唐志契的《绘事微言》中有句云："墨沈留川影，笔花传石神。"笔既不滞于物，笔乃留有余地，抒写作家自己胸中浩荡之思、奇逸之趣。而引书法入画乃成中国画第一特点。董其昌云："以草隶奇字之法为之，树如屈铁，山如画沙，绝去甜俗蹊径，乃为士气。"中国特有的艺术"书法"实为中国绘画的骨干，各种点线皴法溶解万象超入灵虚妙境，而融诗心、诗境于画景，亦成为中国画第二特色。中国乐教失传，诗人不能弦歌，乃将心灵的情韵表现于书法、画法。书法尤为代替音乐的抽象艺术。在画幅上题诗写字，借书法以点醒画中的笔法，借诗句以衬出画中意境，而并不觉其破坏画景（在西洋油画上题句即破坏其写实幻境），这又是中国画可注意的特色，因中、西画法所表现的"境界层"根本不同：一为写实的，一为虚灵的；一为物我对立的，一为物我浑融的。中国画以书法为骨干，以诗境为灵魂，诗、书、画同属于一境层。西画以建筑空间为间架，以雕塑人体为对象，建筑、雕刻、油画同属于一境层。中国画运用笔勾的线纹及墨色的浓淡直接表达生命情调，透入物象的核心，其精神简淡幽微，"洗尽尘滓，独存孤迥"。唐代大批评家张彦远说："得其形似，则无其气韵。具其彩色，则失其笔法。"遗形似而尚骨气，薄彩色以重笔法。"超以象外，得其环中"，这是中国画宋元以后的趋向。然而形似逼真与色彩浓丽，却正是西洋油画的特色。中西绘画的趋向不同如此。

商、周的钟鼎彝器及盘鉴上图案花纹进展而为汉代壁画，人物、禽兽已渐从花纹图案的包围中解放，然在汉画中还常看到花纹遗迹环绕起伏于人兽飞动的姿态中间，以联系呼应全幅的节奏。东晋顾恺之的画全从汉画脱胎，以线纹流动之美（如春蚕吐丝）组织人物衣褶，构成全幅生动的画面。而中国人物画之发展乃与西洋大异其趣。西洋人物画脱胎于希腊的雕刻，以全身肢体之立体的描模为主要。中国人物画则一方着重眸子的传神，另一方则在衣褶的飘洒流动中，以各式线纹的描法表现各种性格与生命姿态。南北朝时印度传来西方晕染凹凸阴影之法，虽一时有人模仿（张僧繇曾于一乘寺门上画凹凸花，远望眼晕如真），然终为中国画风所排斥放弃，不合中国心理。中国画自有它独特的宇宙观点与生命情调，一贯相承，至宋元山水画、花鸟画发达，它的特殊画风更为显著。以各式抽象的点、线渲皴擦摄取万物的骨相与气韵，其妙处尤在点画离披，时见缺落，逸笔撇脱，若断若续，而一点一拂，具含气韵。以丰富的暗示力与象征力代形相的实写，超脱而浑厚。大痴山人画山水，苍苍莽莽，浑化无迹，而气韵蓬松，得山川的元气；其最不似处、最荒率处，最为得神。似真似梦的境界涵浑在一无形无迹，而又无往不在的虚空中，"色即是空，空即是色"，气韵流动，是诗、是音乐、是舞蹈，不是立体的雕刻！

中国画既以"气韵生动"即"生命的律动"为终始的对象，而以笔法取物之骨气，所谓"骨法用笔"为绘画的手段，于是晋谢赫的六法以"应物象形""随类赋彩"之模仿自然，及"经营位置"之研究和谐、秩序、比例、匀称等问题列在三四等地位。然而这"模仿自然"及"形式美"（即和谐、比例等），却系占据西洋美学思想发展之中心的二大中心问题。希腊艺术理论尤不能越此范围。（参看拙文《希腊哲学家的艺术理论》）惟逮至近代西洋人"浮士德精神"的发展，美学与艺术理论中乃产生"生命表现"及"情感移入"等问题。而西洋艺术亦自廿世纪起乃思超脱这传统的观点，辟新宇宙观，于是有立体主义、表现主义等对传统的反动，然终系西洋绘画中所产生的纠纷，与中国绘画的作风立场究竟不相同。

西洋文化的主要基础在希腊，西洋绘画的基础也就在希腊的艺术。希腊民族是艺术与哲学的民族，而它在艺术上最高的表现是建筑与雕刻。希腊的庙堂圣殿是希腊文化生活的中心。它们清丽高雅、庄严朴质，尽量表现"和谐、匀称、整齐、凝重、静穆"的形式美。远眺雅典圣殿的柱廊，真如一曲凝住了的音乐。哲学家毕达哥拉斯视宇宙的基本结构，是在数量的比例中表示着音乐式的和谐。希腊的建筑确象征了这种形式严整的宇宙观。柏拉图所称为宇宙本体的"理念"，也是一种合于数学形体的理想图形。亚里士多德也以"形式"与"质料"为宇宙构造的原理。当时以"和谐、秩序、比例、平衡"为美的最高标准与理想，几乎是一班希腊哲学家与艺术家共同的论调，而这些也是希腊艺术美的特殊征象。

然而希腊艺术除建筑外，尤重雕刻。雕刻则系模范人体，取象"自然"。当时艺术家竞以写幻逼真为贵。于是"模仿自然"也几乎成为希腊哲学家、艺术家共同的艺术理论。柏拉图因艺术是模仿自然而轻视它的价值。亚里士多德也以模仿自然说明艺术。这种艺术见解与主张系由于观察当时盛行的雕刻艺术而发生，是无可怀疑的。雕刻的对象"人体"是宇宙间具体而微，近而静的对象。进一步研究透视术与解剖学自是当然之事。中国绘画的渊源基础却系在商周钟鼎镜盘上所雕绘大自然深山大泽的龙蛇虎豹、星云鸟兽的飞动形态，而以卐字纹回纹等连成各式模样以为底，借以象征宇宙生命的节奏。它的境界是一全幅的天地,不是单个的人体。它的笔法是流动有律的线纹,不是静止立体的形相。当时人尚系在山泽原野中与天地的大气流衍及自然界奇禽异兽的活泼生命相接触,且对之有神魔的感觉(《楚辞》中所表现的境界)。他们从深心里感觉万物有神魔的生命与力量。所以他们雕绘的生物也琦玮诡谲,呈现异样的生气魔力。(近代人视宇宙为平凡,绘出来的境界也就平凡。所写的虎豹是动物园铁栏里的虎豹,自缺少深山大泽的气象。)希腊人住在文明整洁的城市中,地中海日光朗丽,一切物象轮廓清楚。思想亦游泳于清明的逻辑与几何学中。神秘奇诡的幻感渐失,神们也失去深沉的神秘性,只是一种在高明愉快境域里的人生。人体的美,是他们的渴念。在人体美中发现宇宙的秩序、和谐、比例、平衡,即是发现"神",因为这些即是宇宙结构的原理,神的象征。人体雕刻与神殿建筑是希腊艺术的极峰,它们也确实表现了希腊人的"神的境界"与"理想的美"。

西洋绘画的发展也就以这两种伟大艺术为背景、为基础,而决定了它特殊的路线与境界。

希腊的画,如庞贝古城遗迹所见的壁画,可以说是移雕像于画面,远看直如立体雕刻的摄影。立体的圆雕式的人体静坐或站立在透视的建筑空间里。后来西洋画法所用油色与毛刷尤适合于这种雕塑的描形。以这种画与中国古代花纹图案画或汉代南阳及四川壁画相对照，其动静之殊令人惊异。一为飞动的线纹，一为沉重的雕像。谢赫的六法以气韵生动为首目，确系说明中国画的特点，而中国哲学如《易经》以"动"说明宇宙人生（天行健，君子以自强不息），正与中国艺术精神相表里。

希腊艺术理论既因建筑与雕刻两大美术的暗示，以"形式美"（即基于建筑美的和谐、比例、对称平衡等）及"自然模仿"（即雕刻艺术的特性）为最高原理，于是理想的艺术创作即系在模仿自然的实相中同时表达出和谐、比例、平衡、整齐的形式美。一座人体雕像须成为一"型范的"，即具体形相融合于标准形式，实现理想的人相，所谓柏拉图的"理念"。希腊伟大的雕刻确系表现那柏拉图哲学所发挥的理念世界。它们的人体雕像是人类永久的理想型范，是人世间的神境。这位轻视当时艺术的哲学家，不料他的"理念论"反成希腊艺术适合的注释，且成为后来千百年西洋美学与艺术理论的中心概念与问题。

西洋中古时的艺术文化因基督教的禁欲思想，不能有希腊的茂盛，号称黑暗时期。然而哥特式（gothic）的大教堂高耸入云，表现强烈的出世精神，其雕刻神像也全受宗教热情的支配，富于表现的能力，实灌输一种新境界、新技术给与西洋艺术。然而须近代西洋人始能重新了解它的意义与价值。（前之如歌德，近之如法国罗丹及德国的艺术学者。而近代浪漫主义、表现主义的艺术运动，也于此寻找他们的精神渊源。）

十五六世纪"文艺复兴"的艺术运动则远承希腊的立场而更渗入近代崇拜自然、陶醉现实的精神。这时的艺术有两大目标：即"真"与"美"。所谓真，即系模范自然，刻意写实。当时大天才（画家、雕刻家、科学家）达·芬奇在他著名的《画论》中说："最可夸奖的绘画是最能形似的绘画。"他们所描摹的自然以人体为中心，人体的造像又以希腊的雕刻为范本。所以达·芬奇又说："圆描（即立体的雕塑式的描绘法）是绘画的主体与灵魂。"（白华按：中国的人物画系一组流动线纹之节律的组合，其每一线有独立的意义与表现，以参加全体点线音乐的交响曲。西画线条乃为描画形体轮廓或皴擦光影明暗的一分子，其结果是隐没在立体的境相里，不见其痕迹，真可谓隐迹立形。中国画则正在独立的点线皴擦中表现境界与风格。然而亦由于中、西绘画工具之不同。中国的墨色若一刻画，即失去光彩气韵。西洋油色的描绘不惟幻出立体，且有明暗闪耀烘托无限情韵，可称"色彩的诗"。而轮廓及衣褶线纹亦有其来自希腊雕刻的高贵的美。）达·芬奇这句话道出了西洋画的特点。移雕刻入画面是西洋画传统的立场。因着重极端的求"真"，艺术家从事人体的解剖，以祈认识内部构造的真相。尸体难得且犯禁，艺术家往往黑夜赴坟地盗尸，斗室中灯光下秘密肢解，若有无穷意味。达·芬奇也曾亲手解剖男女尸体三十余，雕刻家唐迪（Donti）自夸曾手剖八十三尸体之多。这是西洋艺术家的科学精神及西洋艺术的科学基础。还有一种科学也是西洋艺术的特殊观点所产生，这就是极为重要的透视学。绘画既重视自然对象之立体的描摹，而立体对象是位置在三进向的空间，于是极重要的透视术乃被建筑家卜鲁勒莱西（Brunelleci）于十五世纪初期发现，建筑家阿柏蒂（Alberti）第一次写成书。透视学与解剖学为西洋画家所必修，就同书法与诗为中国画家所必涵养一样。而阐发这两种与西洋油画有如此重要关系之学术者为大雕刻家与建筑家，也就同阐发中国画理论及提高中国画地位者为诗人、书家一样。

求真的精神既如上述，求真之外则求"美"，为文艺复兴时画家之热烈的憧憬。真理披着美丽的外衣，寄"自然模仿"于"和谐形式"之中，是当时艺术家的一致的企图。而和谐的形式美则又以希腊的建筑为最高的型范。希腊建筑如巴泰龙（Parthenon）的万神殿表象着宇宙永久秩序；庄严整齐，不愧神灵的居宅。大建筑学家阿柏蒂在他的名著《建筑论》中说："美即是各部分之谐合，不能增一分，不能减一分。"又说："美是一种协调，一种和声。各都会归于全体，依据数量关系与秩序，适如最圆满之自然律'和谐'所要求。"于此可见文艺复兴所追求的美仍是踵步希腊，以亚里士多德所谓"复杂中之统一"（形式和谐）为美的准则。

"模仿自然"与"和谐的形式"为西洋传统艺术（所谓古典艺术）的中心观念已如上述。模仿自然是艺术的"内容"，形式和谐是艺术的"外形"，形式与内容乃成西洋美学史的中心问题。在中国画学的六法中则"应物象形"（即模仿自然）与"经营位置"（即形式和谐）列在第三第四的地位。中、西趋向之不同，于此可见。然则西洋绘画不讲求气韵生动与骨法用笔吗？似又不然！

西洋画因脱胎于希腊雕刻，重视立体的描摹；而雕刻形体之凹凸的显露实又凭借光线与阴影。画家用油色烘染出立体的凹凸，同时一种光影的明暗闪动跳跃于全幅画面，使画境空灵生动，自生气韵。故西洋油画表现气韵生动，实较中国色彩为易。而中国画则因工具写光困难，乃另辟蹊径，不在刻画凸凹的写实上求生活，而舍具体、趋抽象，于笔墨点线皴擦的表现力上见本领。其结果则笔情墨韵中点线交织，成一音乐性的"谱构"。其气韵生动为幽淡的、微妙的、静寂的、洒落的，没有彩色的喧哗炫耀，而富于心灵的幽深淡远。

中国画运用笔法墨气以外取物的骨相神态，内表人格心灵。不敷彩色而神韵骨气已足。西洋画则各人有各人的"色调"以表现各个性所见色相世界及自心的情韵。色彩的音乐与点线的音乐各有所长。中国画以墨调色，其浓淡明晦，映发光彩，相等于油画之光。清人沈宗骞在《芥舟学画篇》里论人物画法说："盖画以骨格为主。骨干只须以笔墨写出，笔墨有神，则未设色之前，天然有一种应得之色，隐现于衣裳环佩之间，因而附之，自然深浅得宜，神彩焕发。"在这几句话里又看出中国画的笔墨骨法与西洋画雕塑式的圆描法根本取象不同，又看出彩色在中国画上的地位，系附于笔墨骨法之下，宜于简淡，不似在西洋油画中处于主体地位。虽然"一切的艺术都是趋向音乐"，而华堂弦响与明月箫声，其韵调自别。

西洋文艺复兴时代的艺术虽根基于希腊的立场，着重自然模仿与形式美，然而一种近代人生的新精神，已潜伏滋生。"积极活动的生命"和"企向无限的憧憬"，是这新精神的内容。热爱大自然，陶醉于现世的美丽；眷念于光、色、空气。绘画上的彩色主义替代了希腊云石雕像的净素妍雅。所谓"绘画的风俗"继古典主义之"雕刻的风格"而兴起。于是古典主义与浪漫主义、印象主义、写实主义与表现主义、立体主义的争执支配了近代的画坛。然而西洋油画中所谓"绘画的风格"，重明暗光影的韵调，仍系来源于立体雕刻上的阴影及其光的氛围。罗丹的雕刻就是一种"绘画风格"的雕刻。西洋油画境界是光影的气韵包围着立体雕像的核心。其"境界层"与中国画的抽象笔墨之超实相的结构终不相同。就是近代的印象主义，也不外乎是极端的描摹目睹的印象（渊源于模仿自然）。所谓立体主义，也渊源于古代几何形式的构图，其远祖在埃及的浮雕画及希腊艺术史中"几何主义"的作风。后期印象派重视线条的构图，颇有中国画的意味，然他们线条画的运笔法终不及中国的流动变化、意义丰富，而他们所表达的宇宙观景仍是西洋的立场，与中国根本不同。中画、西画各有传统的宇宙观点，造成中、西两大独立的绘画系统。

现在将这两方不同的观点与表现法再综述一下，以结束这篇短论：

（一）中国画所表现的境界特征，可以说是根基于中国民族的基本哲学，即《易经》的宇宙观：阴阳二气化生万物，万物皆禀天地之气以生，一切物体可以说是一种"气积"（庄子：天，积气也）。这生生不已的阴阳二气织成一种有节奏的生命。中国画的主题"气韵生动"，就是"生命的节奏"或"有节奏的生命"。伏羲画八卦，即是以最简单的线条结构表示宇宙万相的变化节奏。后来成为中国山水花鸟画的基本境界的老、庄思想及禅宗思想也不外乎于静观寂照中，求返于自己深心的心灵节奏，以体合宇宙内部的生命节奏。中国画自伏羲八卦、商周钟鼎图花纹、汉代壁画、顾恺之以后历唐、宋、元、明，皆是运用笔法、墨法以取物象的骨气，物象外表的凹凸阴影终不愿刻画，以免笔滞于物。所以虽在六朝时受外来印度影响，输入晕染法，然而中国人则终不愿描写从"一个光泉"所看见的光线及阴影，如目睹的立体真景。而将全幅意境谱入一明暗虚实的节奏中，"神光离合，乍阴乍阳"。《洛神赋》中语以表现全宇宙的气韵生命，笔墨的点线皴擦既从刻画实体中解放出来，乃更能自由表达作者自心意匠的构图。画幅中每一丛林、一堆石，皆成一意匠的结构，神韵意趣超妙，如音乐的一节。气韵生动，由此产生。书法与诗和中国画的关系也由此建立。

（二）西洋绘画的境界，其渊源基础在于希腊的雕刻与建筑（其远祖尤在埃及浮雕及容貌画）。以目睹的具体实相融合于和谐整齐的形式，是他们的理想。（希腊几何学研究具体物形中之普遍形相，西洋科学研究具体之物质运动，符合抽象的数理公式，盖有同样的精神。）雕刻形体上的光影凹凸利用油色晕染移入画面，其光彩明暗及颜色的鲜艳流丽构成画境之气韵生动。近代绘风更由古典主义的雕刻风格进展为色彩主义的绘画风格，虽象征了古典精神向近代精神的转变，然而它们的宇宙观点仍是一贯的，即"人"与"物"，"心"与"境"的对立相视。不过希腊的古典的境界是有限的具体宇宙包含在和谐宁静的秩序中，近代的世界观是一无穷的力的系统在无尽的交流的关系中。而人与这世界对立，或欲以小己体合于宇宙，或思戡天役物，伸张人类的权力意志，其主客观对立的态度则为一致（心、物及主观、客观问题始终支配了西洋哲学思想）。

而这物、我对立的观点，亦表现于西洋画的透视法。西画的景物与空间是画家立在地上平视的对象，由一固定的主观立场所看见的客观境界,貌似客观实颇主观(写实主义的极点就成了印象主义)。就是近代画风爱写无边天际的风光,仍是目睹具体的有限境界,不似中国画所写近景一树一石也是虚灵的、表象的。中国画的透视法是提神太虚,从世外鸟瞰的立场观照全整的律动的大自然,他的空间立场是在时间中徘徊移动,游目周览,集合数层与多方的视点谱成一幅超象虚灵的诗情画境(产生了中国特有的手卷画)。所以它的境界偏向远景。"高远、深远、平远",是构成中国透视法的"三远"。在这远景里看不见刻画显露的凹凸及光线阴影。浓丽的色彩也隐没于轻烟淡霭。一片明暗的节奏表象着全幅宇宙的氤氲的气韵,正符合中国心灵蓬松潇洒的意境。故中国画的境界似乎主观而实为一片客观的全整宇宙,和中国哲学及其他精神方面一样。"荒寒""洒落"是心襟超脱的中国画家所认为最高的境界(元代大画家多为山林隐逸,画境最富于荒寒之趣),其体悟自然生命之深透,可称空前绝后,有如希腊人之启示人体的神境。

  中国画因系鸟瞰的远景,其仰眺俯视与物象之距离相等,故多爱写长方立轴以揽自上至下的全景。数层的明暗虚实构成全幅的气韵与节奏。西洋画因系对立的平视,故多用近立方形的横幅以幻现自近至远的真景。而光与阴影的互映构成全幅的气韵流动。

  中国画的作者因远超画境,俯瞰自然,在画境里不易寻得作家的立场,一片荒凉,似是无人自足的境界(一幅西洋油画则须寻找得作家自己的立脚观点以鉴赏之）。然而中国作家的人格个性反因此完全融化潜隐在全画的意境里，尤表现在笔墨点线的姿态意趣里面。

还有一件可注意的事，就是我们东方另一大文化区印度绘画的观点，却系与西洋希腊精神相近，虽然它在色彩的幻美方面也表现了丰富的东方情调。印度绘法有所谓"六分"，梵云"萨邓迦"，相传在西历第三世纪始见纪载，大约也系综括前人的意见，如中国谢赫的六法，其内容如下：

（1）形相之知识；（2）量及质之正确感受；（3）对于形体之情感；（4）典雅及美之表示；（5）逼似真象；（6）笔及色之美术的用法。①

综观六分，颇乏系统次序。其（1）（2）（3）（5）条不外乎模仿自然，注重描写形相质量的实际。其（4）条则为形式方面的和谐美。其（6）条属于技术方面。全部思想与希腊艺术论之特重"自然模仿"与"和谐的形式"洽相吻合。希腊人、印度人同为阿利安人种，其哲学思想与宇宙观念颇多相通的地方。艺术立场的相近也不足异了。魏晋六朝间，印度画法输入中国，不啻即是西洋画法开始影响中国，然而中国吸取它的晕染法而变化之，以表现自己

---

① 见吕凤子：《中国画与佛教之关系》，载《金陵学报》。

的气韵生动与明暗节奏，却不袭取它凹凸阴影的刻画，仍不损害中国特殊的观点与作风。

然而中国画趋向抽象的笔墨，轻烟淡彩，虚灵如梦，洗净铅华，超脱暄丽耀彩的色相，却违背了"画是眼睛的艺术"之原始意义。"色彩的音乐"在中国画久已衰落。（近见唐代式壁画，敷色浓丽，线条劲秀，使人联想文艺复兴初期画家薄蒂采丽的油画。）幸宋、元大画家皆时时不忘以"自然"为师，于造化氤氲的气韵中求笔墨的真实基础。近代画家如石涛，亦游遍山川奇境，运奇姿纵横的笔墨，写神会目睹的妙景，真气远出，妙造自然。画家任伯年则更能于花卉翎毛表现精深华妙的色彩新境，为近代希有的色彩画家，令人反省绘画原来的使命。然而此外则颇多一味模仿传统的形式，外失自然真感，内乏性灵生气，目无真景，手无笔法。既缺绚丽灿烂的光色以与西画争胜，又遗失了古人雄浑流丽的笔墨能力。艺术本当与文化生命同向前进；中国画此后的道路，不但须恢复我国传统运笔线纹之美及其伟大的表现力，尤当倾心注目于彩色流韵的真景，创造浓丽清新的色相世界。更须在现实生活的体验中表达出时代的精神节奏。因为一切艺术虽是趋向音乐，止于至美，然而它最深最后的基础仍是在"真"与"诚"。

第十四讲 论《世说新语》和晋人的美

汉末魏晋六朝是中国政治上最混乱、社会上最苦痛的时代,然而却是精神史上极自由、极解放,最富于智慧、最浓于热情的一个时代。因此也就是最富有艺术精神的一个时代。王羲之父子的字,顾恺之和陆探微的画,戴逵和戴颙的雕塑,嵇康的《广陵散》(琴曲),曹植、阮籍、陶潜、谢灵运、鲍照、谢朓的诗,郦道元、杨衒之的写景文,云冈、龙门壮伟的造像,洛阳和南朝的闳丽的寺院,无不是光芒万丈,前无古人,奠定了后代文学艺术的根基与趋向。

这时代以前——汉代——在艺术上过于质朴,在思想上定于一尊,统治于儒教;这时代以后——唐代——在艺术上过于成熟,在思想上又入于儒、佛、道三教的支配。只有这几百年间是精神上的大解放,人格上思想上的大自由。人心里面的美与丑、高贵与残忍、圣洁与恶魔,同样发挥到了极致。这也是中国周秦诸子以后第二度的哲学时代,一些卓超的哲学天才——佛教的大师,也是生在这个时代。

这是中国人生活史里点缀着最多的悲剧,富于命运的罗曼司的一个时期，八王之乱、五胡乱华、南北朝分裂，酿成社会秩序的大解体，旧礼教的总崩溃、思想和信仰的自由、艺术创造精神的勃发，使我们联想到西欧十六世纪的"文艺复兴"。这是强烈、矛盾、热情、浓于生命彩色的一个时代。

但是西洋"文艺复兴"的艺术（建筑、绘画、雕刻）所表现的美是浓郁的、华贵的、壮硕的；魏晋人则倾向简约玄澹，超然绝俗的哲学的美，晋人的书法是这美的最具体的表现。

这晋人的美，是这全时代的最高峰。《世说新语》一书记述得挺生动，能以简劲的笔墨画出它的精神面貌、若干人物的性格、时代的色彩和空气。文笔的简约玄澹尤能传神。撰述人刘义庆生于晋末，注释者刘孝标也是梁人；当时晋人的流风余韵犹未泯灭，所述的内容，至少在精神的传模方面，离真相不远（唐修《晋书》也多取材于它）。

要研究中国人的美感和艺术精神的特性，《世说新语》一书里有不少重要的资料和启示，是不可忽略的。今就个人读书札记粗略举出数点，以供读者参考，详细而有系统的发挥，则有待于将来。

（一）魏晋人生活上人格上的自然主义和个性主义，解脱了汉代儒教统治下的礼法束缚，在政治上先已表现于曹操那种超道德观念的用人标准。一般知识分子多半超脱礼法观点直接欣赏人格个性之美，尊重个性价值。桓温问殷浩曰："卿何如我？"殷答曰：

"我与我周旋久，宁作我！"这种自我价值的发现和肯定，在西洋是文艺复兴以来的事。而《世说新语》上第六篇《雅量》、第七篇《识鉴》、第八篇《赏誉》、第九篇《品藻》、第十篇《容止》，都系鉴赏和形容"人格个性之美"的。而美学上的评赏，所谓"品藻"的对象乃在"人物"。中国美学竟是出发于"人物品藻"之美学。美的概念、范畴、形容词，发源于人格美的评赏。"君子比德于玉"，中国人对于人格美的爱赏渊源极早，而品藻人物的空气，已盛行于汉末。到"世说新语时代"则登峰造极了（《世说》载"温太真是过江第二流之高者。时名辈共说人物，第一将尽之间，温常失色"。即此可见当时人物品藻在社会上的势力）。

中国艺术和文学批评的名著，谢赫的《画品》，袁昂、庾肩吾的《画品》、钟嵘的《诗品》、刘勰的《文心雕龙》，都产生在这热闹的品藻人物的空气中。后来唐代司空图的《二十四品》，乃集我国美感范畴之大成。

（二）山水美的发现和晋人的艺术心灵。《世说》载东晋画家顾恺之从会稽还，人问山水之美，顾云："千岩竞秀，万壑争流，草木蒙笼其上，若云兴霞蔚。"这几句话不是后来五代北宋荆（浩）、关（同）、董（源）、巨（然）等山水画境界的绝妙写照么？中国伟大的山水画的意境，已包具于晋人对自然美的发现中了！而《世说》载简文帝入华林园，顾谓左右曰："会心处不必在远，翳然林水，便自有濠濮间想也。觉鸟兽禽鱼自来亲人。"这不又是元人山水花鸟小幅，黄大痴、倪云林、钱舜举、王若水的画境吗？（中国南宗画派的精意在于表现一种潇洒胸襟，这也是晋人的流风余韵。）

晋宋人欣赏山水，由实入虚，即实即虚，超入玄境。当时画家宗炳云："山水质有而趣灵。"诗人陶渊明的"采菊东篱下，悠然见南山""此中有真意，欲辨已忘言"；谢灵运的"溟涨无端倪，虚舟有超越"；以及袁彦伯的"江山辽落，居然有万里之势"。王右军与谢太傅共登冶城，谢悠然远想，有高世之志。荀中郎登北固望海云："虽未睹三山，便自使人有凌云意。"晋宋人欣赏自然，有"目送归鸿，手挥五弦"，超然玄远的意趣。这使中国山水画自始即是一种"意境中的山水"。宗炳画所游山水悬于室中，对之云："抚琴动操，欲令众山皆响！"郭景纯有诗句曰："林无静树，川无停流。"阮孚评之云："泓峥萧瑟，实不可言，每读此文，辄觉神超形越。"这玄远幽深的哲学意味深透在当时人的美感和自然欣赏中。

晋人以虚灵的胸襟、玄学的意味体会自然，乃能表里澄澈，一片空明，建立最高的晶莹的美的意境！司空图《诗品》里曾形容艺术心灵为"空潭写春，古镜照神"，此境晋人有之：

王羲之曰："从山阴道上行，如在镜中游！"

心情的朗澄，使山川影映在光明净体中！

王司州（修龄）至吴兴印渚中看，叹曰："非唯使人情开涤，亦觉日月清朗！"

司马太傅（道子）斋中夜坐，于时天月明净，都无纤翳，太傅叹以为佳。谢景重在坐，答曰："意谓乃不如微云点缀。"太傅因戏谢曰："卿居心不净，乃复强欲滓秽太清邪？"

这样高洁爱赏自然的胸襟，才能够在中国山水画的演进中产生元人倪云林那样"洗尽尘滓，独存孤迥""潜移造化而与天游""乘云御风，以游于尘埃之表"（皆恽南田评倪画语），创立一个玉洁冰清，宇宙般幽深的山水灵境。晋人的美的理想，很可以注意的，是显著的追慕着光明鲜洁，晶莹发亮的意象。他们赞赏人格美的形容词像"濯濯如春月柳""轩轩如朝霞举""清风朗月""玉山""玉树""磊砢而英多""爽朗清举"，都是一片光亮意象。甚至于殷仲堪死后，殷仲文称他"虽不能休明一世，足以映彻九泉"。形容自然界的如"清露晨流，新桐初引"。形容建筑的如"遥望层城,丹楼如霞"。庄子的理想人格"藐姑射仙人,绰约若处子,肌肤若冰雪",不是这晋人的美的意象的源泉吗?桓温谓谢尚"企脚北窗下,弹琵琶,故自有天际真人想"。天际真人是晋人理想的人格,也是理想的美。

晋人风神潇洒,不滞于物,这优美的自由的心灵找到一种最适宜于表现他自己的艺术,这就是书法中的行草。行草艺术纯系一片神机,无法而有法,全在于下笔时点画自如,一点一拂皆有情趣,从头至尾,一气呵成,如天马行空,游行自在。又如庖丁之中肯綮,神行于虚。这种超妙的艺术,只有晋人萧散超脱的心灵,才能心手相应,登峰造极。魏晋书法的特色,是能尽各字的真态。"钟繇每点多异,羲之万字不同。""晋人结字用理,用理则从心所欲不逾矩。"唐张怀瓘《书议》评王献之书云:"子敬之法,非草非行,流便于行草;又处于其中间,无藉因循,宁拘制则,挺然秀出,务于简易。情驰神纵,超逸优游,临事制宜,从意适便。有若风行雨散,润色开花,笔法体势之中,最为风流者也!逸少秉真行之要,子敬执行草之权,父之灵和,子之神俊,皆古今之独绝也。"他这一段话不但传出行草艺术的真精神,且将晋人这自由潇洒的艺术人格形容尽致。中国独有的美术书法——这书法也是中国绘画艺术的灵魂——是从晋人的风韵中产生的。魏晋的玄学使晋人得到空前绝后的精神解放,晋人的书法是这自由的精神人格最具体最适当的艺术表现。这抽象的音乐似的艺术才能表达出晋人的空灵的玄学精神和个性主义的自我价值。欧阳修云:"余尝喜览魏晋以来笔墨遗迹,而想前人之高致也!所谓法帖者,其事率皆吊哀候病,叙睽离,通讯问,施于家人朋友之间,不过数行而已。盖其初非用意,而逸笔余兴,淋漓挥洒,或妍或丑,百态横生,披卷发函,烂然在目,使骤见惊绝,徐而视之,其意态愈无穷尽,使后世得之,以为奇玩,而想见其为人也!"个性价值之发现,是"世说新语时代"的最大贡献,而晋人的书法是这个性主义的代表艺术。到了隋唐,晋人书艺中的"神理"凝成了"法",于是"智永精熟过人,惜无奇态矣"。

(三)晋人艺术境界造诣的高,不仅是基于他们的意趣超越,深入玄境,尊重个性,生机活泼,更主要的还是他们的"一往情深"!无论对于自然,对探求哲理,对于友谊,都有可述:

　　王子敬云:"从山阴道上行,山川自相映发,使人应接不暇。若秋冬之际,尤难为怀!"

　　好一个"秋冬之际,尤难为怀!"

　　　卫玠总角时问乐令"梦"。乐云:"是想。"卫曰:"形神所不接而梦,岂是想邪?"乐云:"因也。未尝梦乘车入鼠穴,捣齑啖铁杵,皆无想无因故也。"卫思因经日不得,遂成病。乐闻,故命驾为剖析之。卫即小差。乐叹曰:"此儿胸中,当必无膏肓之疾!"

卫玠姿容极美,风度翩翩,而因思索玄理不得,竟至成病,这不是柏拉图所说的富有"爱智的热情"吗?

晋人虽超,未能忘情,所谓"情之所钟,正在我辈"(王戎语)!是哀乐过人,不同流俗。尤以对于朋友之爱,里面富有人格美的倾慕。《世说》中《伤逝》一篇记述颇为动人。庾亮死,何扬州临葬云:"埋玉树著土中,使人情何能已已!"伤逝中犹具悼惜美之幻灭的意思。

顾恺之拜桓温墓,作诗云:"山崩溟海竭,鱼鸟将何依?"人问之曰:"卿凭重桓乃尔,哭之状其可见乎?"顾曰:"鼻如广莫长风,眼如悬河决溜!"

顾彦先平生好琴,及丧,家人常以琴置灵床上,张季鹰往哭之,不胜其恸,遂径上床,鼓琴,作数曲竟,抚琴曰:"顾彦先颇复赏此否?"因又大恸,遂不执孝子手而出。

桓子野每闻清歌,辄唤奈何,谢公闻之,曰:"子野可谓一往有深情。"

　　王长史登茅山，大恸哭曰："琅邪王伯舆，终当为情死！"

　　阮籍时率意独驾，不由路径，车迹所穷，辄痛哭而返。

　　深于情者，不仅对宇宙人生体会到至深的无名的哀感，扩而充之，可以成为耶稣、释迦的悲天悯人；就是快乐的体验也是深入肺腑，惊心动魄；浅俗薄情的人，不仅不能深哀，且不知所谓真乐：

　　王右军既去官，与东土人士营山水弋钓之乐。游名山，泛沧海，叹曰："我卒当以乐死！"

　　晋人富于这种宇宙的深情，所以在艺术文学上有那样不可企及的成就。顾恺之有三绝：画绝、才绝、痴绝。其痴尤不可及！陶渊明的纯厚天真与侠情，也是后人不能到处。

　　晋人向外发现了自然，向内发现了自己的深情。山水虚灵化了，也情致化了。陶渊明、谢灵运这般人的山水诗那样的好，是由于他们对于自然有那一股新鲜发现时身入化境浓酣忘我的趣味；他们随手写来，都成妙谛，境与神会，真气扑人。谢灵运的"池塘生春草"也只是新鲜自然而已。然而扩而大之，体而深之，就能构成一种泛神论宇宙观，作为艺术文学的基础。孙绰《天台山赋》云："悠语乐以终日，等寂默于不言，浑万象以冥观，兀同体于自然。"又云："游览既周，体静心闲，害马已去，世事都捐，投刃皆虚，目牛无全，凝想幽岩，朗咏长川。"在这种深厚的自然体验下，产生了王羲之的《兰亭序》，鲍照《登大雷岸寄妹书》，陶宏景、吴均的《叙景短札》，郦道元的《水经注》；这些都是最优美的写景文学。

（四）我说魏晋时代人的精神是最哲学的，因为是最解放的、最自由的。"支公好鹤，住郯东岬山，有人遗其双鹤。少时翅长欲飞。支意惜之，乃铩其翮。鹤轩翥不复能飞，乃反顾翅垂头，视之如有懊丧之意。林曰：'既有凌霄之姿，何肯为人作耳目近玩！'养令翮成，置使飞去。"晋人酷爱自己精神的自由，才能推己及物，有这意义伟大的动作。这种精神上的真自由、真解放，才能把我们的胸襟像一朵花似的展开，接受宇宙和人生的全景，了解它的意义，体会它的深沉的境地。近代哲学上所谓"生命情调""宇宙意识"，遂在晋人这超脱的胸襟里萌芽起来（使这时代容易接受和了解佛教大乘思想）。卫玠初欲过江，形神惨悴，语左右曰："见此茫茫，不觉百端交集，苟未免有情，亦复谁能遣此？"后来初唐陈子昂《登幽州台歌》："前不见古人，后不见来者。念天地之悠悠，独怆然而涕下！"不是从这里脱化出来？而卫玠的一往情深，更令人心恸神伤，寄慨无穷。（然而孔子在川上，曰："逝者如斯夫，不舍昼夜！"则觉更哲学，更超然，气象更大。）

谢太傅与王右军曰："中年伤于哀乐，与亲友别，辄作数日恶。"

人到中年才能深切地体会到人生的意义、责任和问题，反省到人生的究竟，所以哀乐之感得以深沉。但丁的《神曲》起始于中年的徘徊歧路，是具有深意的。

> 桓温北征，经金城，见前为琅玡时种柳皆已十围，慨然曰："木犹如此，人何以堪？"攀条执枝，泫然流泪。

桓温武人，情致如此！庚子山著《枯树赋》，末尾引桓大司马曰："昔年种柳，依依汉南；今逢摇落，凄怆江潭，树犹如此，人何以堪？"他深感到桓温这话的凄美，把它敷演成一首四言的抒情小诗了。

然而王羲之的《兰亭》诗："仰视碧天际，俯磐渌水滨。寥朗无厓观，寓目理自陈。大矣造化工，万殊莫不均。群籁虽参差，适我无非新。"真能代表晋人这纯净的胸襟和深厚的感觉所启示的宇宙观。"群籁虽参差，适我无非新"两句尤能写出晋人以新鲜活泼自由自在的心灵领悟这世界，使触着的一切呈露新的灵魂、新的生命。于是"寓目理自陈",这理不是机械的陈腐的理,乃是活泼泼的宇宙生机中所含至深的理。王羲之另有两句诗云:"争先非吾事,静照在忘求。""静照"是一切艺术及审美生活的起点。这里,哲学彻悟的生活和审美生活,源头上是一致的。晋人的文学艺术都浸润着这新鲜活泼的"静照在忘求"和"适我无非新"的哲学精神。大诗人陶渊明的"日暮天无云,春风扇微和""即事多所欣""良辰入奇怀",写出这丰厚的心灵"触着每秒光阴都成了黄金"。

(五)晋人的"人格的唯美主义"和友谊的重视,培养成为一种高级社交文化如"竹林之游,兰亭禊集"等。玄理的辩论和人物的品藻是这社交的主要内容。因此谈吐措词的隽妙,空前绝后。晋人书札和小品文中隽句天成,俯拾即是。陶渊明的诗句和文句的隽妙,也是这"世说新语时代"的产物。陶渊明散文化的诗句又遥遥地影响着宋代散文化的诗派。苏、黄、米、蔡等人们的书法也力追晋人萧散的风致。但总嫌做作夸张,没有晋人的自然。

(六)晋人之美,美在神韵(人称王羲之的字韵高千古)。神韵可说是"事外有远致",不沾滞于物的自由精神(目送归鸿,手挥五弦)。这是一种心灵的美,或哲学的美。这种事外有远致的力量,扩而大之可以使人超然于死生祸福之外,发挥出一种镇定的大无畏的精神来:

谢太傅盘桓东山，时与孙兴公诸人泛海戏。风起浪涌，孙（绰）王（羲之）诸人色并遽，便唱使还。太傅神情方王，吟啸不言。舟人以公貌闲意说，犹去不止。既风转急浪猛，诸人皆渲动不坐。公徐曰："如此，将无归。"众人皆承响而回。于是审其量足以镇安朝野。

美之极，即雄强之极。王羲之书法人称其字势雄逸，如龙跳天门，虎卧凤阙。淝水的大捷植根于谢安这美的人格和风度中。谢灵运泛海诗"溟涨无端倪，虚舟有超越"，可以借来体会谢公此时的境界和胸襟。

枕戈待旦的刘琨，横江击楫的祖逖，雄武的桓温，勇于自新的周处、戴渊，都是千载下懔懔有生气的人物。桓温过王敦墓，叹曰："可儿！可儿！"心焉向往那豪迈雄强的个性，不拘泥于世俗观念，而赞赏"力"，力就是美。

庾道季说："廉颇、蔺相如虽千载上死人，懔懔如有生气。曹蜍、李志虽见在，厌厌如九泉下人。人皆如此，便可结绳而治。但恐狐狸猯狢啖尽！"这话何其豪迈、沉痛。晋人崇尚活泼生气，蔑视世俗社会中的伪君子、乡愿，战国以后二千年来中国的"社会栋梁"。

（七）晋人的美学是"人物的品藻"，引例如下：

王武子、孙子荆各言其土地人物之美。王云："其地坦而平，其水淡而清，其人廉且贞。"孙云："其山崔巍以嵯峨，其水㳽漫而扬波，其人磊砢而英多。"

桓大司马（温）病，谢公往省病，从东门入，桓公遥望叹曰："吾门中久不见如此人！"

嵇康身长七尺八寸，风姿特秀。见者叹曰："萧萧肃肃，爽朗清举。"或云："萧萧如松下风，高而徐引。"山公曰："嵇叔夜之为人也，岩岩若孤松之独立，其醉也，傀俄若玉山之将崩。"

海西时，诸公每朝，朝堂犹暗，唯会稽王来，轩轩如朝霞举。

谢太傅问诸子侄："子弟亦何预人事，而正欲其佳？"诸人莫有言者。车骑（谢玄）答曰："譬如芝兰玉树，欲使其生于阶庭耳。"

人有叹王恭形茂者，曰："濯濯如春月柳。"

刘尹云："清风朗月，辄思玄度。"

拿自然界的美来形容人物品格的美，例子举不胜举。这两方

- 217 -

面的美——自然美和人格美——同时被魏晋人发现。人格美的推重已滥觞于汉末,上溯至孔子及儒家的重视人格及其气象。"世说新语时代"尤沉醉于人物的容貌、器识、肉体与精神的美。所以"看杀卫玠",而王羲之——他自己被时人目为"飘如游云,矫如惊龙"——见杜弘治叹曰:"面如凝脂,眼如点漆,此神仙中人也!"

而女子谢道韫亦神情散朗,奕奕有林下风。根本《世说》里面的女性多能矫矫脱俗,无脂粉气。

总而言之,这是中国历史上最有生气,活泼爱美,美的成就极高的一个时代。美的力量是不可抵抗的,见下一段故事:

> 桓宣武平蜀,以李势妹为妾,甚有宠,尝著斋后。主(温尚明帝女南康长公主)始不知,既闻,与数十婢拔白刃袭之。正值李梳头,发委藉地,肤色玉曜,不为动容,徐徐结发,敛手向主,神色闲正,辞甚凄婉,曰:"国破家亡,无心至此,今日若能见杀,乃是本怀!"主于是掷刀前抱之:"阿子,我见汝亦怜,何况老奴!"遂善之。

话虽如此,晋人的美感和艺术观,就大体而言,是以老庄哲学的宇宙观为基础,富于简淡、玄远的意味,因而奠定了一千五百年来中国美感——尤以表现于山水画、山水诗的基本趋向。

中国山水画的独立，起源于晋末。晋宋山水画的创作，自始即具有"澄怀观道"的意趣。画家宗炳好山水，凡所游历，皆图之于壁，坐卧向之，曰："老病俱至，名山恐难遍游，惟当澄怀观道，卧以游之。"他又说："圣人含道应物，贤者澄怀味像；人以神法道而贤者通，山水以形媚道而仁者乐。"他这所谓"道"，就是这宇宙里最幽深最玄远却又弥沦万物的生命本体。东晋大画家顾恺之也说绘画的手段和目的是"迁想妙得"。这"妙得"的对象也即是那深远的生命，那"道"。

中国绘画艺术的重心——山水画，开端就富于这玄学意味（晋人的书法也是这玄学精神的艺术），它影响着一千五百年，使中国绘画在世界上成一独立的体系。

他们的艺术的理想和美的条件是一味绝俗。庾道季见戴安道所画行像，谓之曰："神明太俗，由卿世情未尽！"以戴安道之高，还说是世情未尽，无怪他气得回答说："唯务光当免卿此语耳！"

然而也足见当时美的标准树立得很严格，这标准也就一直是后来中国文艺批评的标准："雅""绝俗"。

这唯美的人生态度还表现于两点，一是把玩"现在"，在刹那的现量的生活里求极量的丰富和充实，不为着将来或过去而放弃现在价值的体味和创造：

王子猷尝暂寄人空宅住,便令种竹。或问:"暂住何烦尔?"王啸咏良久,直指竹曰:"何可一日无此君!"

二则美的价值是寄于过程的本身,不在于外在的目的,所谓"无所为而为"的态度。

王子猷居山阴,夜大雪,眠觉,开室命酌酒,四望皎然。因起彷徨,咏左思《招隐》诗。忽忆戴安道。时戴在剡,即便乘小船就之。经宿方至,造门不前而返。人问其故,王曰:"吾本乘兴而行,兴尽而返,何必见戴?"

这截然地寄兴趣于生活过程的本身价值而不拘泥于目的,显示了晋人唯美生活的典型。

(八)晋人的道德观与礼法观。孔子是中国二千年礼法社会和道德体系的建设者。创造一个道德体系的人,也就是真正能了解这道德的意义的人。孔子知道道德的精神在于诚,在于真性情,真血性,所谓赤子之心。扩而充之,就是所谓"仁"。一切的礼法,只是它托寄的外表。舍本执末,丧失了道德和礼法的真精神真意义,甚至于假借名义以便其私,那就是"乡原",那就是"小人之儒"。这是孔子所深恶痛绝的。孔子曰:"乡愿,德之贼也。"又曰:"女为君子儒,无为小人儒!"他更时常警告人们不要忘掉礼法的真精神真意义。他说:"人而不仁如礼何?人而不仁如乐何?"子于是日哭,则不歌。食于丧者之侧,未尝饱也。这伟大的真挚的同情心是他的道德的基础。他痛恶虚伪。他骂"巧言令色鲜矣仁"!他骂"礼云、礼云、玉帛云乎哉"!然而孔子死后,汉代以来,孔子所深恶痛绝的"乡愿"支配着中国社会,成为"社会栋梁",把孔子至大至刚、极高明的中庸之道化成弥漫社会的庸俗主义、妥协主义、折中主义、苟安主义,孔子好像预感到这一点,他所以极力赞美狂狷而排斥乡愿。他自己也能超然于礼法之表追寻活泼的真实的丰富的人生。他的生活不但"依于仁",还要"游于艺"。他对于音乐有最深的了解并有过最美妙、最简洁而真切的形容。他说:

乐,其可知也!始作,翕如也。从之,纯如也。皦如也。绎如也。以成。

他欣赏自然的美,他说:"仁者乐山,智者乐水。"

他有一天问他几个弟子的志趣。子路、冉有、公西华都说过了,轮到曾点,他问道:

"点，尔何如？"鼓瑟希，铿尔，舍瑟而作，对曰："异乎三子者之撰！"子曰："何伤乎？亦各言其志也。"曰："莫春者，春服既成，冠者五六人，童子六七人，浴乎沂，风乎舞雩，咏而归！"

夫子喟然叹曰："吾与点也！"

孔子这超然的、蔼然的、爱美爱自然的生活态度，我们在晋人王羲之的《兰亭序》和陶渊明的田园诗里见到遥遥嗣响的人，汉代的俗儒钻进利禄之途，乡愿满天下。魏晋人以狂狷来反抗这乡愿的社会，反抗这桎梏性灵的礼教和士大夫阶层的庸俗，向自己的真性情、真血性里掘发人生的真意义、真道德。他们不惜拿自己的生命、地位、名誉来冒犯统治阶级的奸雄假借礼教以维持权位的恶势力。曹操拿"败伦乱俗，讪谤惑众，大逆不道"的罪名杀孔融。司马昭拿"无益于今，有败于俗，乱群惑众"的罪名杀嵇康。阮籍佯狂了，刘伶纵酒了，他们内心的痛苦可想而知。这是真性情、真血性和这虚伪的礼法社会不肯妥协的悲壮剧。这是一班在文化衰堕时期替人类冒险争取真实人生真实道德的殉道者。他们殉道时何等的勇敢、从容而美丽：

> 嵇康临刑东市，神气不变，索琴弹之，奏《广陵散》，曲终，曰："袁孝尼尝请学此散，吾靳固不与，《广陵散》于今绝矣！"

以维护伦理自命的曹操枉杀孔融，屠杀到孔融七岁的小女、九岁的小儿，谁是真的"大逆不道"者？

道德的真精神在于"仁"，在于"恕"，在于人格的优美。《世说》载：

> 阮光禄（裕）在剡，曾有好车，借者无不皆给。有人葬母，意欲借而不敢言。阮后闻之，叹曰："吾有车，而使人不敢借，何以车为？"遂焚之。

这是何等严肃的责己精神！然而不是由于畏人言，畏于礼法的责备，而是由于对自己人格美的重视和伟大同情心的流露。

> 谢奕作剡令，有一老翁犯法，谢以醇酒罚之，乃至过醉，而犹未已。太傅（谢安）时年七八岁，著青布绔，在兄膝边坐，谏曰："阿兄，老翁可念，何可作此！"奕于是改容，曰："阿奴欲放去邪？"遂遣之。

谢安是东晋风流的主脑人物,然而这天真仁爱的赤子之心实是他伟大人格的根基。这使他忠诚谨慎地支持东晋的危局至于数十年。淝水之役,苻坚发戎卒六十余万、骑二十七万,大举入寇,东晋危在旦夕。谢安指挥若定,遣谢玄等以八万兵一举破之。苻坚风声鹤唳,草木皆兵,仅以身免。这是军事史上空前的战绩,诸葛亮在蜀没有过这样的胜利!

　　一代枭雄,不怕遗臭万年的桓温也不缺乏这英雄的博大的同情心:

　　　　桓公入蜀,至三峡中,部伍中有得猿子者,其母缘岸哀号,行百余里不去,遂跳上船,至便即绝。破其腹中,肠皆寸寸断。公闻之怒,命黜其人。

　　晋人既从性情的真率和胸襟的宽仁建立他的新生命,摆脱礼法的空虚和顽固,他们的道德教育遂以人格的感化为主。我们看谢安这段动人的故事:

　　　　谢虎子尝上屋薰鼠。胡儿(虎子之子)既无由知父为此事,闻人道"痴人有作此者"。戏笑之。时道此非复一过。太

> 傅既了己（指胡儿自己）之不知，因其言次，语胡儿曰："世人以此谤中郎（虎子），亦言我共作此。"胡儿懊热，一月闭斋不出。太傅虚托引己之过，以相开悟，可谓德教。

我们现代有这样精神伟大的教育家吗？所以：

> 谢公夫人教儿，问太傅："那得初不见君教儿？"答曰："我常自教儿！"

这正是像谢公称赞褚季野的话："褚季野虽不言，而四时之气亦备！"

他确实在教，并不姑息，但他着重在体贴入微的潜移默化，不欲伤害小儿的羞耻心和自尊心：

> 谢玄少时好著紫罗香囊垂覆手。太傅患之，而不欲伤其意；乃谲与睹，得即烧之。

这态度多么慈祥，而用意又何其严格！谢玄为东晋立大功，救国家于垂危，足见这教育精神和方法的成绩。

当时文俗之士所最仇疾的阮籍，行动最为任诞，蔑视礼法也最为彻底。然而正在他身上我们看出这新道德运动的意义和目标。这目标就是要把道德的灵魂重新建筑在热情和率真之上，摆脱陈腐礼法的外形。因为这礼法已经丧失了它的真精神，变成阻碍生机的桎梏，被奸雄利用作政权工具，借以锄杀异己（曹操杀孔融）。

  阮籍当葬母，蒸一肥豚，饮酒二斗，然后临诀，直言："穷矣！"都得一号，因吐血，废顿良久。

他拿鲜血来灌溉道德的新生命！他是一个壮伟的丈夫。容貌环杰，志气宏放，傲然独得，任性不羁，当其得意，忽忘形骸，"时人多谓之痴"。这样的人，无怪他的诗"旨趣遥深，反覆零乱，兴寄无端，和愉哀怨，杂集于中"。他的咏怀诗是古诗十九首以后第一流的杰作。他的人格坦荡谆至，虽见嫉于士大夫，却能见谅于酒保：

  阮公邻家妇有美色，当垆沽酒。阮与王安丰常从妇饮酒。阮醉便眠其妇侧。夫始殊疑之，伺察终无他意。

这样解放的自由的人格是洋溢着生命，神情超迈，举止历落，态度恢廓，胸襟潇洒：

> 王司州（修龄）在谢公坐，咏"入不言兮出不辞、乘回风兮载云旗"，（九歌句）语人云："当尔时，觉一坐无人！"

桓温读高士传，至于陵仲子，便掷去曰："谁能作此溪刻自处！"这不是善恶之彼岸的超然的美和超然的道德吗？

"振衣千仞冈，濯足万里流！"晋人用这两句诗写下他的千古风流和不朽的豪情！

附：清谈与析理

拙稿《论〈世说新语〉和晋人的美》第五段中关于晋人的清谈，未及详论，现拟以此段补足之。

被后世诟病的魏晋人的清谈，本是产生于探求玄理的动机。王导称之为"共谈析理"。嵇康《琴赋》里说："非至精者不能与之析理。""析理"须有逻辑的头脑，理智的良心和探求真理的热忱。青年夭折的大思想家王弼就是这样一个人物。①

何晏注老子始成，诣王辅嗣（弼），见王注精奇，乃神伏曰："若斯人，可与论天人际矣。""论天人之际"，当是魏晋人"共谈析理"的最后目标。《世说》又载：

> 殷浩、谢安诸人共集，谢因问殷："眼往万属形，万形来入眼否？"

是则由"论天人之际"的形而上学的探讨注意到知识论了。

当时一般哲学空气极为浓厚，热衷功名的钟会也急急地要把他的哲学著作求嵇康的鉴赏，情形可笑：

> 钟会撰《四本论》始毕，甚欲使嵇公一见。置怀中，既定，畏其难，怀不敢出。于户外遥掷，便回急走。

---

①何晏以为圣人无喜怒哀乐，其论甚精，钟会等述之。弼与不同。以为"圣人茂于人者，神明也。同于人者五情也。神明茂，故能体冲和以通'无'；五情同，故不能无哀乐以应物。然则圣人之情，应物而无累于物者也。今以其无累便谓不复应物，失之多矣"。（《三国志·钟会传》裴松之注）按：王弼此言极精，他是老、庄学派中富有积极精神的人。一个积极的文化价值与人生价值的境界可以由此建立。

但是古代哲理探讨的进步，多由于座谈辩难。柏拉图的全部哲学思想用座谈对话的体裁写出来。苏格拉底把哲学带到街头，他的街头论道是西洋哲学史中最有生气的一页。印度古代哲学的辩争尤非常激烈。孔子的真正人格和思想也只表现在《论语》里。魏晋的思想家在清谈辩难中显出他们活泼飞跃的析理的兴趣和思辨的精神。《世说》载：

> 何晏为吏部尚书，有位望。时谈客盈座。王弼未弱冠，往见之。晏闻弼名，因条向者胜理语弼曰："此理仆以为极，可得复难不？"弼便作难，一座人便以为屈。于是弼自为客主数番，皆一坐所不及。

当时人辩论名理，不仅是"理致甚微"，兼"辞条丰蔚，甚足以动心骇听"。可惜当时没有一位文学天才把重要的清谈辩难详细记录下来，否则中国哲学史里将会有可以比美柏拉图对话集的作品。

我们读《世说》下面这段记载，可以想象当时谈理时的风度和内容的精彩。

> 支道林、许（询）、谢盛德，共集王（濛）家。谢顾谓

诸人:"今日可谓彦会。既时不可留,此集固亦难常,当共言咏,以写其怀!"许便问主人:"有庄子不?"正得《渔父》一篇。谢看题,便各使四坐通。支道林先通,作七百许语,叙致精丽,才藻奇拔,众咸称善。于是四坐各言怀毕。谢问曰:"卿等尽不?"皆曰:"今日之言,少不自竭。"谢复粗难,因自叙其意,作万余语,才峰秀逸,既自难干,加意气凝托,萧然自得,四坐莫不厌心。支谓谢曰:"君一往奔诣,故复自佳耳!"

谢安在清谈上也表现出他领袖人群的气度。晋人的艺术气质使"共谈析理"也成了一种艺术创作。

支道林、许询诸人共在会稽王(简文)斋头。支为法师,许为都讲。支通一义,四座莫不厌心,许送一难,众人莫不抃舞。但共嗟咏二家之美,不辩其理之所在。

但支道林并不忘这种辩论应该是"求理中之谈"。《世说》载:

许询少时,人以比王苟子。许大不平。时诸人士及于法师，并在会稽西寺讲，王亦在焉。许意甚忿，便往西寺与王论理，共决优劣。苦相折挫，王遂大屈。许复执王理，更相复疏，王复屈。许谓支法师曰："弟子向语何如？"支从容曰："君语佳则佳矣，何至相苦邪？岂是求理中之谈哉？"

可见"共谈析理"才是清谈真正目的，我们最后再欣赏这求真爱美的时代里一个"共谈析理"的艺术杰作：

客问乐令"旨不至"者，乐亦不复剖析文句，直以麈尾柄确几曰："至不？"客曰："至。"乐因又举麈尾曰："若至者，那得去？"于是客乃悟，服乐辞约而旨达，皆此类。

大化流衍，一息不停，方以为"至"，倏焉已"去"，云"至"云"去"，都是名言所执。故飞鸟之影，莫见其移，而逝者如斯，不舍昼夜。孔子川上之叹，桓温摇落之悲，卫玠的"对此茫茫不觉百端交集"，王孝伯叹赏于古诗"所遇无故物，焉得不速老"。晋人这种宇宙意识和生命情调，已由乐广把它概括在辞约而旨达的"析理"中了。

第十五讲

略谈敦煌艺术的意义和价值

中国艺术有三个方向与境界。第一个是礼教的、伦理的方向。三代钟鼎和玉器都联系于礼教，而它的图案画发展为具有教育及道德意义的汉代壁画（如武梁祠壁画等），东晋顾恺之的女史箴，也还是属于这范畴。第二是唐宋以来笃爱自然界的山水花鸟，使中国绘画艺术树立了它的特色，获得了世界地位。然而正因为这"自然主义"支配了宋代的艺坛，遂使人们忘怀了那第三个方向，即从六朝到晚唐宋初的丰富的宗教艺术。这七八百年的佛教艺术创造了空前绝后的佛教雕像。云冈、龙门、天龙山的石窟，尤以近来才被人注意的四川大足造像①和甘肃麦积山造像。中国竟有这样伟大的雕塑艺术，其数量之多，地域之广，规模之大，造诣之深，都足以和希腊雕塑艺术争辉千古！而这艺术却被唐宋以来的文人画家所视而不见，就像西洋中古教士对于罗马郊区的古典艺术熟视无睹。

雕刻之外，在当时更热闹、更动人、更绚丽的是彩色的壁画，

---

①即现在的重庆大足石刻。历史上该地区隶属于四川省，1997年重庆市恢复中央直辖市后，划归重庆。

而当时画家的艺术热情表现于张图与跋异竞赛这段动人的故事：

> 五代时，张图，梁人，好丹青，尤长大像。梁龙德间，洛阳广爱寺沙门义暄，置金币，邀四方奇笔，画三门两壁。时处士跋异，号为绝笔，乃来应募。异方草定画样，图忽立其后曰："知跋君敏手，固来赞贰。"异方自负，乃笑曰："顾陆，吾曹之友也，岂须赞贰？"图愿绘右壁，不假朽约，搦管挥写，倏忽成折腰报事师者，从以三鬼。异乃瞪目踧踏，惊拱而言曰："子岂非张将军乎？"图捉管厉声曰："然。"异雍容而谢曰："此二壁非异所能也。"遂引退；图亦不伪让，乃于东壁画水仙一座，直视西壁报事师者，意思极为高远。然跋异固为善佛道鬼神称绝笔艺者，虽被斥于张将军；后又在福先寺大殿画护法善神，方朽约时，忽有一人来，自言姓李，滑台人，有名善画罗汉，乡里呼余为李罗汉，当与汝对画，角其巧拙。异恐如张图者流，遂固让西壁与之。异乃竭精仵思，意与笔会，屹成一神，侍从严毅，而又设色鲜丽。李氏纵观异画，觉精妙入神非己所及，遂手足失措。由是异有得色，遂夸诧曰："昔见败于张将军，今取捷于李罗汉。"

这真是中国伟大的"艺术热情时代"！因了西域传来的宗教信

仰的刺激及新技术的启发，中国艺人摆脱了传统礼教之理智束缚，驰骋他们的幻想，发挥他们的热力。线条、色彩、形象，无一不飞动奔放，虎虎有生气。"飞"是他们的精神理想，飞腾动荡是那时艺术境界的特征。

这个灿烂的佛教艺术，在中原本土，因历代战乱，及佛教之衰退而被摧毁消灭。富丽的壁画及其崇高的境界真是"如幻梦如泡影"，从衰退萎弱的民族心灵里消逝了。支持画家艺境的是残山剩水、孤花片叶。虽具清超之美而乏磅礴的雄图。天佑中国！在西陲敦煌洞窟里，竟替我们保留了那千年艺术的灿烂遗影。我们的艺术史可以重新写了！我们如梦初觉，发现先民的伟力、活力、热力、想象力。

这次敦煌艺术研究所辛苦筹备的艺展，虽不能代替我们必须有一次的敦煌之游，而临摹的逼真，已经可以让我们从"一粒沙中窥见一个世界，一朵花中欣赏一个天国"了！

最使我们感兴趣的是敦煌壁画中的极其生动而具有神魔性的动物画，我们从一些奇禽异兽的泼辣的表现里透进了世界生命的原始境界，意味幽深而沉厚。现代西洋新派画家厌倦了自然表面的刻画，企求自由天真原始的心灵去把握自然生命的核心层。德国画家马尔克（F. Marc）震惊世俗的《蓝马》，可以同这里的马精神相通。而这里《释尊本生故事图录》的画风，尤以"游观农务"一幅简直是近代画家盎利卢骚（Henri Rousseau）[①]的特异的孩稚心灵的画境。几幅力士像和北魏乐伎像的构图及用笔，使我们联想到法国野兽派洛奥（Rouart）[②]的拙厚的线条及中古教堂玻璃窗上哥提式的画像。而马蒂思（Matisse）这些人的线纹也可以在这里找到他们的伟大先驱。不过这里的一切是出自古人的原始感觉和内心的迸发，浑朴而天真。而西洋新派画家是在追寻着失去的天国，是有意识的回到原始意味。

敦煌艺术在中国整个艺术史上的特点与价值，是在它的对象以人物为中心，在这方面与希腊相似。但希腊的人体的境界和这里有一个显著的分别。希腊的人像是着重在"体"，一个由皮肤轮廓所包的体积。所以表现得静穆稳重。而敦煌人像，全是在飞腾的舞姿中（连立像、坐像的躯体也是在扭曲的舞姿中）；人像的着重点不在体积而在那克服了地心吸力的飞动旋律。所以身体上的主要衣饰不是贴体的衫褐，而是飘荡飞举的缠绕着的带纹（在北魏画里有全以带纹代替衣饰的）。佛背的火焰似的圆光，足下的波浪似的莲座，联合着这许多带纹组成一幅广大繁富的旋律，象征着宇宙节奏，以容包这躯体的节奏于其中。这是敦煌人像所启示给我们的中

---

①今译"亨利·卢梭"，法国后印象派画家，以纯真、原始的风格著称。代表作有《梦境》《沉睡的吉卜赛人》等。

②今译"鲁阿尔"，法国画家、艺术收藏家、实业家。

西人物画的主要区别。只有英国的画家勃莱克的《神曲》插画中人物，也表现这同样的上下飞腾的旋律境界。近代雕刻家罗丹也摆脱了希腊古典意境，将人体雕像谱入于光的明暗闪烁的节奏中，而敦煌人像却系融化在线纹的旋律里。敦煌的艺境是音乐意味的，全以音乐舞蹈为基本情调，《西方净土变》的天空中还飞跃着各式乐器呢。

艺展中有唐画山水数幅，大可以帮助中国山水画史的探索，有一二幅令人想象王维的作风。但它们本身也都具有拙厚天真的美。在艺术史上，是各个阶段、各个时代"直接面对着上帝"的，各有各的境界与美。至少我们欣赏者应该拿这个态度去欣领它们的艺术价值。而我们现代艺术家能从这里获得深厚的启发，鼓舞创造的热情，是毫无疑义的。至于图案设计之繁富灿美也表示古人的创造的想象力之活跃，一个文化丰盛的时代，必能发明无数图案，装饰他们的物质背景，以美化他们的生活。

明 文徵明 泥金小楷《金剛般若波羅蜜經》(局部)

城乞食於其城中次第乞已還至本處飯食訖收衣鉢洗足已敷座而坐○時
多羅三藐三菩提心應如是住如是降伏其心唯然世尊願樂欲聞○佛告須
濃應無所住行於布施所謂不住色布施不住聲香味觸法布施須菩提菩薩
以身相得見如來不不也世尊不可以身相得見如來何以故如來所說身相即非身相佛告須菩提凡所有相皆
悉知悉見是諸眾生得如是無量福德何以故是諸眾生無復我相人相眾生
四句偈等為他人說其福勝彼何以故須菩提一切諸佛及諸佛阿耨多羅三
如來有所說法耶須菩提白佛言世尊如來無所說○須菩提於意云何三千大
無從來亦無所去故名如來○須菩提若善男子善女人以三千大千世界碎
作是念我得須陀洹果不須菩提言不也世尊何以故須陀洹名為入流而無
心不應住色生心不應住聲香味觸法生心應無所住而生其心須菩提譬如
以用布施得福多不須菩提言甚多世尊佛告須菩提若菩薩以無我得成於忍此菩薩勝前菩薩所得功德須
等云何奉持佛告須菩提是經名為金剛般若波羅蜜以是名字汝當奉持所
三十二相見如來不不也世尊不可以三十二相得見如來何以故如來說三
則生實相當知是人成就第一希有功德世尊是實相者則是非相是故如
淨則生實相當知是人成就第一希有功德

○ 明　朱瞻基《三羊开泰图》

◐ 明　崔子忠《长白仙踪图》(局部)

杭州龍井山方圓庵記

天竺辯才法師以智者教傳四十年學者如歸四方風靡於是晦菴明室老通大小之機無不遂志不居其功不宿於名乃辭其交游言其弟子而求于窵實之濱得龍井之居以隱

者也形而下者或得於方或得於圓事相之方而圓事相之圓而規矩一切則謀法周體而無自位苟物各得而不相知皆藏乎不深之度而游乎無端之紀則是庵也為有相乎是庵也為無相乎將以是所住而住為當是時也子實注而觀

者也形而下者或得於方或得於圓以天圓而地方規矩一切則謀首足具三才之人位乎天地之間則笑蓋宇宙雖大不離其內秋毫雖小待之成軀凡有貌象聲色者無巨細無古今皆不能出於方圓之肉也所以古先哲方之內者也佛亦

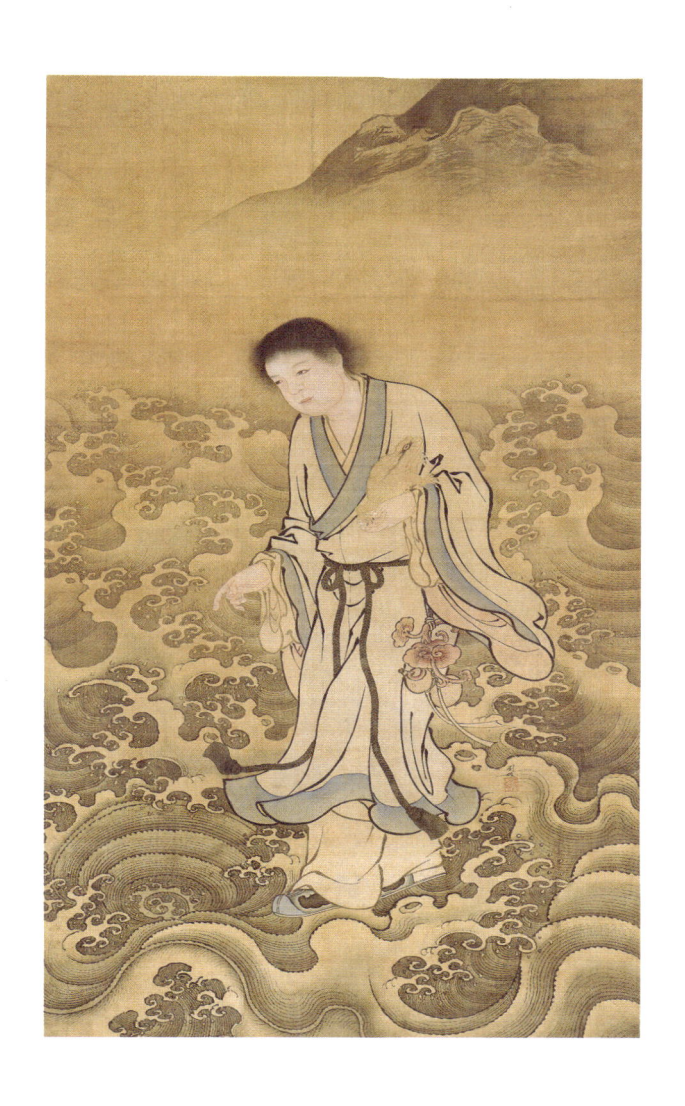

◐ 明　刘俊《刘海戏金蟾图》

明 吴彬《文杏双禽图》

明 沈周《盆菊幽赏图》

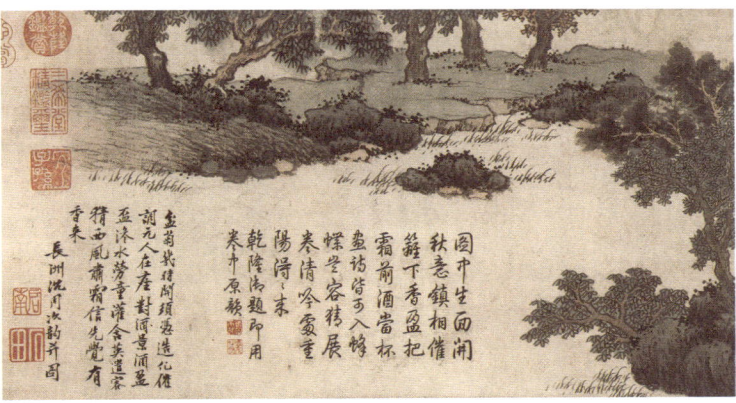

○ 清　袁耀《九成宫图》

御製詩

松

老幹依瑤砌寒濤入耳深山中
風雨夢歲晚雪霜心逸韻連宮
漏喬枝挺上林禁垣塵不到野
鶴湯追尋

聽松

有暇階前撫老松盤桓愛聽籟
重重幾株交葢清陰展百尺翻
濤逸韻濃花柳鮮妍伴長夏雪
霜凝結立巖冬龍鱗本性原刻
健勁直應知木德鍾

庭松

○ 清　姚文田《书御制诗》

清 郎世宁《八骏图》

清　佚名《花卉》成扇

◐ 法国 莫奈《打阳伞的女人》

◎ 荷兰　扬·凡·艾克《阿尔诺芬尼夫妇像》

● 意大利　波提切利《春》

意大利　拉斐尔《雅典学院》

● 日本　歌川广重《蒲田梅园》

第十六讲 希腊哲学家的艺术理论

一、形式与表现

艺术有"形式"的结构,如数量的比例(建筑)、色彩的和谐(绘画)、音律的节奏(音乐),使平凡的现实超入美境。但这"形式"里面也同时深深地启示了精神的意义、生命的境界、心灵的幽韵。

艺术家往往倾向以"形式"为艺术的基本,因为他们的使命是将生命表现于形式之中。而哲学家则往往静观领略艺术品里心灵的启示,以精神与生命的表现为艺术的价值。

希腊艺术理论的开始就分这两派不同的倾向。克山罗风(Xenophon)[①]在他的回忆录中记述苏格拉底(Socrate)曾经一次与大雕刻家克莱东(Kleiton)的谈话,后人推测就是指波里克勒(Polycrate)。当这位大艺术家说出"美"是基于数与量的比例时,这位哲学家就很怀疑地问道:"艺术的任务恐怕还是在表现出心灵的内容罢?"苏格拉底又希望从画家拔哈希和斯知道艺术家用

---

① 今译"色诺芬",古希腊历史学家、军事家,是苏格拉底的学生。著有《长征记》《希腊史》《回忆苏格拉底》等作品。

何手段能将这有趣的、窈窕的、温柔的、可爱的心灵神韵表现出来。苏格拉底所重视的是艺术的精神内涵。

但希腊的哲学家未尝没有以艺术家的观点来看这宇宙的。宇宙（Cosmos）这个名词在希腊就包含着"和谐、数量、秩序"等意义。毕达哥拉斯以"数"为宇宙的原理。当他发现音之高度与弦之长度成为整齐的比例时，他将何等地惊奇感动，觉着宇宙的秘密已在他面前呈露：一面是"数"的永久定律，一面即是至美和谐的音乐。弦上的节奏即是那横贯全部宇宙之和谐的象征！美即是数，数即是宇宙的中心结构，艺术家是探手于宇宙的秘密的！

但音乐不只是数的形式的构造，也同时深深地表现了人类心灵最深最秘处的情调与律动。音乐对于人心的和谐、行为的节奏，极有影响。苏格拉底是个人生哲学者，在他是人生伦理的问题比宇宙本体问题还更重要。所以他看艺术的内容比形式尤为要紧。而西洋美学中形式主义与内容主义的争执，人生艺术与唯美艺术的分歧，已经从此开始。但我们看来，音乐是形式的和谐，也是心灵的律动，一镜的两面是不能分开的。心灵必须表现于形式之中，而形式必须是心灵的节奏，就同大宇宙的秩序定律与生命之流动演进不相违背，而同为一体一样。

二、原始美与艺术创造

艺术不只是和谐的形式与心灵的表现，还有自然景物的描摹。"景""情""形"是艺术的三层结构。毕达哥拉斯以宇宙的本体为纯粹数的秩序，而艺术如音乐是同样地以"数的比例"为基础，因此艺术的地位很高。苏格拉底以艺术有心灵的影响而承认它的人生价值。而柏拉图则因艺术是描摹自然影像而贬斥之。他以为纯粹的美或"原始的美"是居住于纯粹形式的世界，就是万象之永久型范，所谓观念世界。美是属于宇宙本体的。（这一点上与毕达哥拉斯同义。）真、善、美是居住在一处。但它们的处所是超越的、抽象的、纯精神性的。只有从感官世界解脱了的纯洁心灵才能接触它。我们感官所经验的自然现象，是这真形世界的影像。艺术是描摹这些偶然的变幻的影子，它的材料是感官界的物质，它的作用是感官的刺激。所以艺术不惟不能引着我们达到真理，止于至善，且是一种极大的障碍与蒙蔽。它是真理的"走形"，真形的"曲影"。柏拉图根据他这种形而上学的观点贬斥艺术的价值，推崇"原始美"。我们设若要挽救艺术的价值与地位，也只有证明艺术不是专造幻象以娱人耳目。它反而是宇宙万物真相的阐明、人生意义的启示。证明它所表现的正是世界的真实的形象,然后艺术才有它的庄严、有它的伟大使命。不是市场上贸易肉感的货物,如柏拉图所轻视所排斥的。(柏氏以后的艺术理论是走的这条路。)

三、艺术家在社会上的地位

柏拉图这样的看轻艺术,贱视艺术家,甚至要把他们排斥于他的理想共和国之外,而柏拉图自己在他的语录文章里却表示了他是一位大诗人,他对于大宇宙的美是极其了解,极热烈地崇拜的。另一方面我们看见希腊的伟大雕刻与建筑确是表现了最崇高、最华贵、最静穆的美与和谐。真是宇宙和谐的象征,并不仅是感官的刺激,如近代的颓废的艺术。而希腊艺术家会遭这位哲学家如此的轻视,恐怕总有深一层的理由罢!第一点,希腊的哲学是世界上最理性的哲学,它是扫开一切传统的神话——希腊的神话是何等优美与伟大——以寻求纯粹论理的客观真理。它发现了物质元子与数量关系是宇宙构造最合理的解释。(数理的自然科学不产生于中国、印度,而产于欧洲,除社会条件外,实基于希腊的唯理主义,它的逻辑与几何。)于是那些以神话传说为题材,替迷信做宣传的艺术与艺术家,自然要被那努力寻求清明智慧的哲学家如柏拉图所厌恶了。真理与迷信是不相容的。第二点，希腊的艺术家在社会上的地位，是被上层阶级所看不起的手工艺者、卖艺糊口的劳动者、丑角、说笑者。他们的艺术虽然被人赞美尊重，而他们自己的人格与生活是被人视为丑恶缺憾的（戏子在社会上的地位至今还被人轻视）。希腊文豪留奇安（Lucian）描写雕刻家的命运说："你纵然是个飞达亚斯（Phidias）[①]或波里克勒（希腊两位最大的艺术家），创造许多艺术上的奇迹，但欣赏家如果心地明白，必定只赞美你的作品而不羡慕做你的同类，因你终是一个贱人、手工艺者、职业的劳动者。"原来希腊统治阶级的人生理想是一种和谐、雍容、不事生产的人格，一切职业的劳动者为专门职业所拘束，不能让人格有各方面圆满和谐的成就。何况艺术家在礼教社会里面被认为是一班无正业的堕落者、颓废者、纵酒好色、佯狂玩世的人。（天才与疯狂也是近代心理学感到兴味的问题。）希腊最大诗人荷马在他的伟大史诗里描绘了一部光彩灿烂的人生与世界。而他的后世却想象他是盲了目的。赫发斯陀（Hephaestus）[②]是希腊神们中间的艺术家的祖宗，但却是最丑的神！

[①] 今译"菲狄亚斯"，古希腊雕刻家、画家、建筑师，作品包括宙斯巨像及巴特农神殿的雅典娜巨像等。

[②] 今译"赫菲斯托斯"，是古希腊神话中的火神、砌石之神、雕刻艺术之神与手艺异常高超的铁匠之神。

艺术与艺术家在社会上为人重视，须经过三种变化：（一）柏拉图的大弟子亚里士多德的哲学给予艺术以较高的地位。他以为艺术的创造是模仿自然的创造。他认为宇宙的演化是由物质进程形式，就像希腊的雕刻家在一块云石里幻现成人体的形式。所以他的宇宙观已经类似艺术家的。（二）人类轻视职业的观念逐渐改变，尤其将艺术家从匠工的地位提高。希腊末期哲学家普罗亭诺斯（Plotinus）[①]发现神灵的势力于艺术之中，艺术家的创造若有神助。（三）但直到文艺复兴的时代，艺术家才被人尊重为上等人物。而艺术家也须研究希腊学问、解剖学与透视学。学院的艺术家开始产生，艺术家进大学有如一个学者。

但学院里的艺术家离开了他的自然与社会的环境，忽视了原来的手工艺，却不一定是艺术创作上的幸福。何况学院主义往往是没有真生命、真气魄的，往往是形式主义的。真正的艺术生活是要与大自然的造化默契，又要与造化争强的生活。文艺复兴的大艺术家也参加政治的斗争。现实生活的体验才是艺术灵感的源泉。

---

① 今译"普罗提诺"，新柏拉图主义哲学奠基人，其思想对中世纪神学及哲学，尤其是基督教教义，有很大影响。

四、中庸与净化

　　宇宙是无尽的生命、丰富的动力,但它同时也是严整的秩序、圆满的和谐。在这宁静和雅的天地中生活着的人们却在他们的心胸里汹涌着情感的风浪、意欲的波涛。但是人生若欲完成自己,止于至善,实现他的人格,则当以宇宙为模范,求生活中的秩序与和谐。和谐与秩序是宇宙的美,也是人生美的基础。达到这种"美"的道路,在亚里士多德看来就是"执中""中庸"。但是中庸之道并不是庸俗一流,并不是依违两可、苟且的折中,乃是一种不偏不倚的毅力、综合的意志,力求取法乎上、圆满地实现个性中的一切而得和谐。所以中庸是"善的极峰",而不是善与恶的中间物。大勇是怯弱与狂暴的执中,但它宁愿近于狂暴,不愿近于怯弱。青年人血气方刚,偏于粗暴。老年人过分考虑,偏于退缩。中年力盛时的刚健而温雅方是中庸。它的以前是生命的前奏,它的以后是生命的尾声,此时才是生命丰满的音乐。这个时期的人生才是美的人生,是生命美的所在。希腊人看人生不似近代人看作演进的、发展的、向前追求的、一个戏本中的主角滚在生活的旋涡里,奔赴他的命运。希腊戏本中的主角是个发达在最强盛时期的、轮廓清楚的人格，处在一种生平唯一次的伟大动作中。他像一座希腊的雕刻。他是一切都了解，一切都不怕，他已经奋斗过许多死的危险。现在他是态度安详不矜不惧地应付一切。这种刚健清明的美是亚里士多德的美的理想。美是丰富的生命在和谐的形式中。美的人生是极强烈的情操在更强毅的善的意志统率之下。在和谐的秩序里面是极度的紧张，回旋着力量，满而不溢。希腊的雕像、希腊的建筑、希腊的诗歌以至希腊的人生与哲学不都是这样？这才是真正的有力的"古典的美"！

美是调解矛盾以超入和谐，所以美对于人类的情感冲动有"净化"的作用。一幕悲剧能引着我们走进强烈矛盾的情绪里，使我们在幻境的同情中深深体验日常生活所不易经历到的情境，而剧中英雄因殉情而宁愿趋于毁灭，使我们从情感的通俗化中感到超脱解放，重尝人生深刻的意味。全剧的结果——即英雄在挣扎中殉情的毁灭——有如阴霾沉郁后的暴雨淋漓，反使我们痛快地重睹青天朗日。空气干净了，大地新鲜了，我们的心胸从沉重压迫的冲突中恢复了光明愉快的超脱。

亚里士多德的悲剧论从心理经验的立场研究艺术的影响，不能不说是美学理论上的一大进步，虽然他所根据的心理经验是日常的。他能注意到艺术在人生上净化人格的效用，将艺术的地位从柏拉图的轻视中提高，使艺术从此成为美学的主要对象。

五、艺术与模仿自然

　　一个艺术品里形式的结构,如点、线之神秘的组织,色彩或音韵之奇妙的谐和,与生命情绪的表现交融组合成一个"境界"。每一座巍峨崇高的建筑里是表现一个"境界",每一曲悠扬清妙的音乐里也启示一个"境界"。虽然建筑与音乐是抽象的形或音的组合,不含有自然真景的描绘。但图画雕刻,诗歌小说戏剧里的"境界"则往往寄托在景物的幻现里面。模范人体的雕刻,写景如画的《荷马史诗》是希腊最伟大最中心的艺术创造,所以柏拉图与亚里士多德两位希腊哲学家都说模仿自然是艺术的本质。

　　但两位对"自然模仿"的解释并不全同,因此对艺术的价值与地位的意见也两样。柏拉图认为人类感官所接触的自然乃是"观念世界"的幻影。艺术又是描摹这幻影世界的幻影。所以在求真理的哲学立场上看来是毫无价值、徒乱人意、刺激肉感。亚里士多德的意见则不同。他看这自然界现象不是幻影,而是一个个生命的形体。所以模仿它、表现它,是种有价值的事,可以增进知识而表示技能。亚里士多德的模仿论确是有他当时经验的基础。希腊的雕刻、绘画,如中国古代的艺术原本是写实的作品。它们生动如真的表现，流传下许多神话传说。米龙（Myron）雕刻的牛，引动了一个活狮子向它跃搏，一只小牛要向它吸乳，一个牛群要随着它走，一位牧童遥望掷石击之，想叫它走开，一个偷儿想顺手牵去。啊，米龙自己也几乎误认它是自己牛群里的一头！

希腊的艺术传说中赞美一件作品大半是这样的口吻。（中国何尝不是这样？）艺术以写物生动如真为贵。再述一个关于画家的传说。有两位大画家竞赛。一位画了一枝葡萄，这样的真实，引起飞鸟来啄它。但另一位走来在画上加绘了一层纱幕盖上，以致前画家回来看见时伸手欲将它揭去。（中国传说中东吴画家曹不兴尝为孙权画屏风，误发笔点素，因就以作蝇，既而进呈御览，孙权以为生蝇，举手弹之。）这种写幻如真的技术是当时艺术所推重。亚里士多德根据这种事实说艺术是模仿自然，也不足怪了。何况人类本有模仿冲动，而难能可贵的写实技术也是使人惊奇爱慕的呢。

但亚里士多德的学说不以此篇为满足。他不仅是研究"怎样的模仿"，他还要研究模仿的对象。艺术可就三方面来观察：（一）艺术品制作的材料，如木、石、音、字等；（二）艺术表现的方式，即如何描写模仿；（三）艺术描写的对象。但艺术的理想当然是用最适当的材料，在最适当的方式中，描摹最美的对象。所以艺术的过程终归是形式化，是一种造型。就是大自然的万物也是由物质材料创化千形万态的生命形体。艺术的创造是"模仿自然创造的过程"（即物质的形式化）。艺术家是个小造物主，艺术品是个小宇宙。它的内部是真理，就同宇宙的内部是真理一样。所以亚里士多德有一句很奇异的话："诗是比历史更哲学的。"这就是说诗歌比历史学的记载更近于真理。因为诗是表现人生普遍的情绪与意义，史是记述个别的事实；诗所描述的是人生情理中的必然性，历史是叙述时空中事态的偶然性。文艺的事是要能在一件人生个别的姿态行动中，深深地表露出人心的普遍定律。（比心理学更深一层更为真实的启示。莎士比亚是最大的人心认识者。）艺术的模仿不是徘徊于自然的外表，乃是深深透入真实的必然性。所以艺术最邻近于哲学，它是达到真理表现真理的另一道路，它使真理披了一件美丽的外衣。

艺术家对于人生对于宇宙因有着最虔诚的"爱"与"敬"，从情感的体验发现真理与价值，如古代大宗教家、大哲学家一样。而与近代由于应付自然、利用自然，而研究分析自然之科学知识根本不同。一则以庄严敬爱为基础，一则以权力意志为基础。柏拉图虽阐明真知由"爱"而获证入！但未注意伟大的艺术是在感官直觉的现量境中领悟人生与宇宙的真境，再借感觉界的对象表现这种真实。但感觉的境界欲做真理的启示须经过"形式"的组织，否则是一堆零乱无系统的印象（科学知识亦复如是）。艺术的境界是感官的，也是形式的。形式的初步是"复杂中的统一"。所以亚里士多德已经谈到这个问题。艺术是感官对象。但普通的日常实际生活中感觉的对象是一个个与人发生交涉的物体，是刺激人欲望心的物体。然而艺术是要人静观领略，不生欲心的。所以艺术品须能超脱实用关系之上，自成一形式的境界，自织成一个超然自在的有机体。如一曲音乐缥缈于空际，不落尘网。这个艺术的有机体对外是一独立的"统一形式"，在内是"力的回旋"，丰富复杂的生命表现。于是艺术在人生中自成一世界，自有其组织与启示，与科学哲学等并立而无愧。

六、艺术与艺术家

艺术与艺术家在人生与宇宙的地位因亚里士多德的学说而提高了。飞达亚斯（Phidias）雕刻宙斯（Zeus）神像，是由心灵里创造理想的神境，不是模仿刻画一个自然的物象。艺术之创造是艺术家由情绪的全人格中发现超越的真理真境，然后在艺术的神奇的形式中表现这种真实。不是追逐幻影，娱人耳目。这个思想是自圣奥古斯丁（Augustin）、斐奇路斯（Ficinus）、卜罗洛（Bruno）、歇福斯卜莱（Shafesbury）、温克尔曼（Winckelmann）等以来认为近代美学上共同的见解了。但柏拉图轻视艺术的理论，在希腊的思想界确有权威。希腊末期的哲学家普罗亭诺斯（Plotinus）就是徘徊在这两种不同的见解中间。他也像柏拉图以为真、美是绝对的、超越的存在于无迹的真界中，艺术家须能超拔自己观照到这超越形相的真、美，然后才能在个别的具体的艺术作品中表现得真、美的幻影。艺术与这真、美境界是隔离得很远的。真、美，譬如光线；艺术，譬如物体，距光愈远得光愈少。所以大艺术家最高的境界是他直接在宇宙中观照得超形相的美。这时他才是真正的艺术家，尽管他不创造艺术品。他所创造的艺术不过是这真、美境界的余辉映影而已。所以我们欣赏艺术的目的也就是从这艺术品的兴感渡入真、美的观照。艺术品仅是一座桥梁，而大艺术家自己固无需乎此。宇宙"真、美"的音乐直接趋赴他的心灵。因为他的心灵是美的。普罗亭诺斯说："没有眼睛能看见日光，假使它不是日光性的。没有心灵能看见美，假使他自己不是美的。你若想观照神与美，先要你自己似神而美。"

第十七讲 文艺复兴的美学思想

文艺复兴以来近代诸民族里美学思想的发展也同其他意识形态的科学例如法律学、宗教学、伦理学等相类似。它们各个以研究社会上层建筑，即文化中一个规定的区域为对象，想从这种研究里引申出这一文化区域的发展规律来。这些科学在文艺复兴时开始，是复兴着和自由发展着它们从古代（古希腊、罗马）继承的遗产。我们至今还没有一个全面叙述文艺复兴时代那些应该注意的美学思想的著作。资产阶级的近代美学史停留在研究那些哲学家的美学体系里面。还没有仔细研究15、16世纪文艺复兴这个伟大艺术的创造时代是怎样和美学思想相伴着，怎样地受了这些美学思想的影响。这些美学思想在那时自身就是一种"文艺复兴"，他们不但重新研究了亚里士多德的《诗学》，也研究亚氏的后继者流传下来的美学思想，例如在古希腊晚期及罗马Philostratus[①]时代的西塞罗、荷拉斯、普鲁塔尔格、柏罗丁、菲诺斯特拉图斯（Philostratus）和

　　[①]斐罗斯屈拉特，古罗马时期的希腊作家、批评家，主要作品有《狄阿那的阿波洛尼阿斯的生平》《智者传》等。

年代未确定的朗加拉斯等人著作里所表现的,这里面包含着的审美情调和思想、词句,是更接近着16世纪,超过它们对亚里士多德的继承。尤其是它们里面大大地强调着那创造性的想象力,那产生出非凡的动人的作品的想象力。派加孟祭坛的艺术时代或罗马艺术时代的思想家必然会有着和古希腊菲地亚斯、波利克莱特同代人不同的审美观念。他们强调了壮美,艺术中的绘画风格,个性的、生动的表情,(绘画中)眼睛的表现方法,他们继承了古希腊晚期哲学家柏罗丁的见解,强调地指出审美现象里想象力的创造作用。朗加拉斯的《论崇高》就直接启示了文艺复兴艺术活动的方向,他说(35条):"它——指大自然——一开始就在我们的灵魂中植有一种不可抗拒的对于一切伟大事物,一切比我们自己更神圣的事物的渴望。因此,就是整个世界作为人类思想的飞翔领域,还是不够宽广,人的心灵还常常越过整个空间边缘。当我们观察整个生命的领域而见到它处处富于精妙的、堂皇的、美丽的事物时,我们立即知道人生的真正目标是什么……"这一段话不是很好地可以放在文艺复兴的艺术家思想家的口中吗?他又说:"总而言之,一切有用的、必需的事物是人们易于获得的。而他们的景仰却是留在惊心动魄的事物里。"16世纪的人的旺盛的生命活力和生命情调,他们对于现实中壮大的、奇异的、非凡的天真爱好(甚至对于粗野的滑稽现象的爱好——朗加拉斯),密切地结合着他们对于形式美的敏感和古代流传下来的艺术法则。1561年的斯卡列格尔（Scaliger）的诗学与其说是从亚里士多德汲取来的观点，不如说更多地是继承拉丁及古希腊晚期的诗学思想。他的理想不再是荷马，而是拉丁诗人维尔吉尔了。

意大利文艺复兴的艺术如建筑是继承着本土的罗马的遗留建筑而向前发展着，雕刻的人像魁伟壮硕，也继承着罗马人雕像的风味，罗马的壮丽代替了古希腊的清丽，古希腊雕像相形之下一般地显得清瘦些。意大利人在文艺复兴时所追求的、所发现的古代，主要的是罗马，就是在他们本土存在着的、而在中古世纪不被注意的罗马遗迹，但是他们创造性的想象力把罗马的样式演变为意大利的样式了。

现在我们简略地谈一谈意大利文艺复兴的艺术思想和审美观念。

在15世纪中叶有一个拜占庭的希腊学者，名唤君士坦丁·拉斯凯里约（Konstantin Laskario）的，在土耳其人占据拜占庭（1453）以后，逃来意大利，生活到15世纪之末，他要求哲学根本上应成为艺术、诗，像它在古希腊初期那样（哲学以长诗的体裁和风味表达出来）。后来的哲学家采取了散文来写出他的思想。他说："他们就从诗的高原坠落下来，像从马背上掉下一样。"哲学是人力所能努力达到的"上帝的模仿"，而上帝是把一切布置在音律和节奏之中，因此，谁追随着上帝的行踪，体会着上帝的创造，就必须也能韵律式地制造形象，哲学家必须做诗人。艺术里的规律性使我体验到散文所永不能把我们带去接近的某一些东西。艺术使不可能的东西说出来。只有它宣讲出最后的和最深的真理。这个思想确是存在文艺复兴时代的大艺术家及大科学家心里的思想。天文科学家哥白尼和开普勒，探究天空秘密时是抱着宇宙的音乐大和谐的理想去考察的。他们深信数学的和谐是反映着宇宙的音乐的和谐的。艺术家却在人的身体构造里来发现这支配整个宇宙的秘密规律，这规律表现了真，也表现着美，真和美是一个东西，在文艺复兴的思想家和艺术家的脑海中是不可分割的。这个美的规律更能具体地表达在他们的伟大建筑里，而建筑的结构规律又是极须合乎自然的力学的，更须是真和美的合一的具体表现。所以文艺复兴的美学观念主要地表现在大建筑家阿柏蒂（Alberti）的著作里。

文艺复兴时代美学最重要的特点之一就是同艺术实践的紧密联系，这不是抽象哲学的美学，而是具体的，旨在解决艺术若干具体问题的美学，从实践要求产生，为艺术实践服务，须从这观点来看文艺复兴时代的美学思想。

达·芬奇说："不借助科学的光实践的人，正像没有罗盘而出航的舵手一样。"阿柏蒂向建筑人们提出那些广泛的要求可以由此理解。建筑家不仅应有较高的天赋、较大的才干，而且应有高深的知识，丰富的经验，尤其应有成熟的精确的判断。

　　文艺复兴的美学理论充满着各种朝气勃勃的乐观主义的、良好有益的内容。所以美的问题成为人文主义者注意的中心。他们研究热情集中于美、和谐、匀称、优雅上，因为在他们看来，人身上有着不可遏止的进行直观的愿望。阿柏蒂说："尤其是眼睛最贪婪美与和谐，眼睛在寻找美与和谐时显得特别顽强，特别稳定。""我不知道它们为什么喜欢无的东西，而不赞同有的东西，因为它们常常在寻找那些后来补充富丽堂皇、光辉灿烂的东西。当它们从最勤勉聪慧而且善于深思的艺术家那里没发现那应期望的技艺、劳动和努力时而感到委屈。有时，它甚至不能说明什么东西凌辱了它们，只除非它们不能彻底消解对美的渴望。"达·芬奇在他的《论美》一文中也有类似的思想。他告诉艺术家似乎要"'窥伺'自然界和人的美，当它们显露得最充分的那一瞬间来观察他们"。"要注意黄昏或别的天时的男子和妇女的脸孔，在他们脸上会看到何等的美好和娇柔来"。

　　按照阿柏蒂的意见："不赞赏美的事物，不为最美化的东西所倾倒，不因丑而感到耻辱，不拒弃一切无点缀和不完美……的东西之如何可怜、如此落后、如此粗野和不文明的人，是不可能找到的。"

　　美感是人的一种天性。它"赋予灵魂以认识"，因此阿氏感到难于给美下定义，他说，我们"用感觉来理解美比用话来阐明美会更准确"。但他仍给美下了定义，他说："美是一个整体中的各部分的某种协调与和音，这种协调与和音符合那些要求和谐的严格数目，有限制的规定和布局，即自然界绝对的和第一性的本原。"美建基于事物本身的性质。所以艺术家的任务就在于模仿自然，即"模仿各种艺术形式的优秀匠师（即自然）"。世界就其最深刻的本质说是美的，美就在于它的规律中。艺术应当揭示美的这些客观规律，并且遵守这些规律。因此在阿氏看来，一座建筑物似乎是一个活的实体，建造它时必须要模仿自然界（皆见《建筑十书》）。他强调艺术规律的客观性，艺术家应认识这些规律，并制定自己创作的标准和规则。他说，我们的先辈"集合了人类能力所及的那些它（自然）创造各种事物时所利用的规律，并把这些规律采用到建筑术的规则中来"。人文主义者按照美的客观性和艺术规律的客观性而解决了美学关于艺术对现实的关系这一基本问题。

艺术是现实的再现。醉心于现实的美，是文艺复兴时期人们的共通性。达·芬奇说："如果画家作为鼓舞者而取用别的图画，他的绘画便不会是完美的，如果他到自然界的事物中去学，那么他就会生产出优良的结果来。"他强调艺术的认识意义。"绘画以哲学的精密的思考来观察海洋、陆地、树木、动物、花草等各种形态的全部素质，所有这些都离不开阴影和光线。实际上，绘画就是科学，就是自然的合法女儿，因为它是自然所生的。"画与科学的区别就在它能再现可见世界，即各种对象的色调和轮廓，而科学则能洞察"物体的内部"而忽视"各种形态的素质"，例如几何学，"它就是集中于对事物的数量说明上"。所以，自然界的一切创造物的美就从科学家那里悄悄地滑过去了。艺术的根据和必然就在于此。

但文艺复兴的艺术理论强调艺术的认识意义，重视外部的逼真，尤其重视绘画艺术之能再现自然，研究线条、"透视空间"透视、明暗、色调、影调比例等，进一步研究解剖、数学等以企进入内部。

在《论雕塑》里，阿氏企图确立"一种最崇高的美，这种美是自然赐予许多物体的，在这些物体之间美似被适当地分配了。在这里，我们模仿了那个为克罗多尼人创作神女画的人，在少女美方面，袭用最杰出者的一切。在每个少女身上就形式美方面说最优美的东西，并搬到自己的作品里来。我们也选择了许多按照鉴赏家的判断是最美的形体，从这些形体中，我们加以测量，然后把它们加以相互比较并摈弃对这个或那个方面的偏向，我们就择定了那些为许多量度借……而都相合所证实的中间数值"。（《十书》）

这个标准是以一般或典型的东西为对象。文艺复兴的美学首先是理想的美学，而这理想并不是与现实相对抗的东西。不怀疑美的现实性。现实性与理想性辩证地结合着。人类的和谐发展的无限可能性也不是空想。

资本主义关系萌芽时期那摧毁资产阶级的散文气息的行动还未出现，人们还没有失掉自己活动上的首创精神，那么他们的描写甚至在对它们采取讽刺态度的场合下还充满着正面的伟大（拉伯雷，莎士比亚）。

由此可见，在文艺复兴时的现实主义中包含三结合的因素：1.对当代问题的深刻了解；2.描绘细节上的现实主义方法；3.有意识非现实主义的情节（古代和基督教神话就是许多图画和其他形式的基础）。所有这些也就构成文艺复兴时现实主义特征。他们探讨艺术真实问题时，自发地碰到艺术形象方面一般与单个的辩证法。因而探求理想与现实，真实与虚构之间的平衡、统一。阿氏在《论雕塑》里说："假如，只要我理解得正确的话，在雕塑家那里，掌握相似的方法有两条途径，即一方面，他们所创造的形象，归根到底应该尽可能与活的东西相似，要与人相似，他们是否再造了苏格拉底、柏拉图或其他任何著名的人的形象。这完全不是重要的，而只要他们能使他的作品一般与人相似，尽管是著名的人，他们就可以认为完全够了。另一方面，应该竭力再现和描绘的不仅是一般的人，而且还应是这个人的面貌和整个外表，例如恺撒或伽图或其他任何著名的人，把他们再现为一定的状态——端坐于讲坛上或在人民大会上发表演说。"阿氏进一步又指出若干规则,运用这些规则就可达到上述相互矛盾的目的。阿氏未解决上述的二律背反,他倾向于解决若干纯技巧的问题方面。但是,提出艺术形象的辩证法却是他重大的功绩。

马克思说过:"唯物主义在它的第一个创始人培根那里,还在朴素的形式下,包含着全面发展的萌芽。物质带着诗意的光辉对人(整个的人)的全身心发出微笑。"这话可用于文艺复兴的艺人的世界观。世界对他们还没有失去色彩,变成几何学的抽象,理性未获得片面发展。而以复合的,有时甚至半玄妙思想的形式而出现,同时还能简单朴素地对现实世界做出真正辩证法的猜测。所有这些,在那时代的现实主义性质和各思想家的美学观点中,也有所表述。

但该时的美学思想里,也有各种流派相对立着,也在时间中变化着。须有专门的研究。尽管如此,那是和艺术实践紧密联系着的现实主义的有具体对象的美学,其重大的缺点,在忽视社会的冲突,不愿研究正在产生的资本主义社会的阴暗面。在这里,具体的艺术实践(尤其文艺)却比较显得有洞察力(莎士比亚,塞万提斯,尤以拉伯雷)。

第十八讲 康德美学思想评述

康德（1724—1804），德国资产阶级的学者，德国古典唯心主义哲学的第一个著名代表。当时的德国和西欧其他国家比起来是一个落后的国家，德国资产阶级是一个眼光短浅、怯懦怕事的阶级。它的革命虽然是不彻底的，但毕竟在观念上进行了反封建的斗争，马克思曾说康德哲学是"法国革命的德国理论"。康德承认客观存在着"自在之物"，但又说这"自在之物"是我们的认识能力所不能把握到的。康德哲学中有着明显的两重性，他在一定程度上表明他企图调和唯物主义和唯心主义。但是这种调和归根到底是想在唯心主义，即他所称的先验的唯心主义的基础上来进行的。在美学里表现得尤其显著。康德是十八世纪末十九世纪初的德国唯心主义哲学的奠基人，也是德国唯心主义美学体系的奠基人。

康德的美学又是他在和以前的唯理主义美学（继承着莱布尼茨、沃尔夫哲学系统的鲍姆加登）和英国经验主义的美学（以布尔克为代表）的争论中发展和建立起来的，所以是一个极其复杂矛盾的体系。

我们先要简略地叙述一下康德和这两方面的关系，才能理解这个复杂的美学体系。

一

康德在他的美学著述里，对于他以前的美学家只提到过德国的鲍姆加登（Baumgatten）和英国的布尔克（E. Burke），一个是德国唯理主义的继承者，一个是英国经验主义的心理分析的思想家。我们先谈谈德国唯理主义的美学从莱布尼茨到鲍姆加登的发展。鲍氏是沃尔夫（Wolff）的弟子，但沃尔夫对美学未有发挥，而他所继承的莱布尼茨却颇有些重要的美学上的见解，构成德国唯理主义美学的根基。

莱布尼茨继承着和发展着十七世纪笛卡尔、斯宾诺莎等人唯理主义的世界观，企图用严整的数学体系来统一关于世界的认识，达到对于物理世界清楚明朗的完满的理解。但是感官直接所面对的感性的形象世界是我们一切认识活动的出发点。这形象世界和清楚明朗、论证严明的数理世界比较起来似乎是朦胧、暧昧，不够清晰的，莱布尼茨把它列入模糊的表象世界，这是"低级的"感性认识。但是这直观的暧昧的感性认识里仍然反映着世界的和谐与秩序，这种认识达到完满的境界时，即完满地映射出世界的和谐、秩序时，这就不但是一种真，也是一种美了。于是关于"感性认识"的科学同时就成了美学。Ästhetik一字，现在所谓的美学，原来就是关于感性认识的科学。莱氏的继承者鲍姆加登不但是把当时一切关于这方面的探究聚拢起来，第一次系统化成为一门新科学，并且给它命名为Ästhetik，后来人们就沿用这个名字发展了这门新科学——美学。这是鲍姆加登在美学史上的重要贡献。虽然他自己的美学著作还是很粗浅的，规模初具，内容贫乏，他自己对于造型艺术及音乐艺术并无所知，只根据演说学和诗学来谈美。他在这里是从唯理主义的哲学走到美学，因而建立了美学的科学。美即是真，尽管只是一种模糊的真，因而美学被收入科学系统的大门，并且填补了唯理主义哲学体系的一个漏洞，一个缺陷，那就是感性世界里的逻辑。

同时也配合了当时文艺界古典主义重视各门文艺里的法则、规律的方向，也反映了当时上升的资产阶级反封建、反传统、重视理性、重视自然法则（即理性法则）的新兴阶级的意识。而在各门文学艺术里找规律，这至今也正是我们美学的主要任务。现在略略介绍一下鲍姆加登（1714—1762）美学的大意，因为它直接影响着康德。

鲍氏在莱氏哲学原理的基础上，结合着当时英国经验主义美学"情感论"的影响，创造了一个美学体系，带着折中主义的印痕。鲍氏认为感性认识的完满，感性圆满地把握了的对象就是美。他认为：

（1）感觉里本是暧昧、朦胧的观念，所以感觉是低级的认识形式。

（2）完满（或圆满）不外乎多样性中的统一，部分与整体的调和完善。单个感觉不能构成和谐，所以美的本质是在它的形式里，即多样性中的统一里，但它有客观基础，即它反映着客观宇宙的完满性。

（3）美既是仅恃感觉上不明了的观念成立的，那么，明了的理论的认识产生时，就可取美而消灭之。

（4）美是和欲求相伴着的，美的本身即是完满，它也就是善，善是人们欲求的对象。

单纯的印象，如颜色，不是美，美成立于一个多样统一的协调里。多样性才能刺激心灵，产生愉快。多样性与统一性（统一性令人易于把握）是感性的直观认识所必需的，而这里面存在着美的因素。美就是这个形式上的完满，多样中的统一。

再者，这个中心概念"完满"（Vollkommenheit）可以从另一个角度来看。这就是低级的、感性的、直观的认识和高级的、概念的知识之间的关系和分歧点。在感性的、直观的认识里，我们直接面对事物的形象，而在清晰的概念的思维中，亦即象征性质（通过文字）的思维中，我们直接的对象是字，概念，更多过于具体的事物形象。审美的直观的思想是直接面对事物而少和符号交涉的，因此，它就和情绪较为接近。因人的情绪是直接系着于具体事物的，较少系着于抽象的东西。另一方面，概念的认识渗透进事物的内容，而直接观照的、和情绪相接的对象则更多在物的形式方面，即外表的形象。鉴赏判断不像理性判断以真和善为对象，而是以美，亦即形式。艺术家创造这种形式，把多样性整理、统一起来，使人一目了然，容易把握，引起人的情绪上的愉快，这就是审美的愉快。艺术作品的直观性和易把握性或"思想的活泼性"，照鲍姆加登的后继者G. E. Meyer所说：是"审美的光亮"。假使感性的清晰达到最高峰时，就诞生"审美的灿烂"。

鲍氏美学总结地说来，就是：（1）因一切美是感性里表现的完满，而这完满即是多样中的统一，所以美存在于形式；（2）一切的美作为多样的东西是组成的东西（交错为文）；（3）在组成物之中间是统制着规定的关系，即多样的协调而为一致性的；（4）一切的美仅是对感觉而存在，而一个清晰的逻辑的分析会取消了（扬弃了）它；（5）没有美不同时和我对它的占有欲结合着，因完满是一好事，不完满是坏事；（6）美的真正目的在于刺激起要求，或者因我所要求的只是快适，故美产生着快乐。

鲍氏是沃尔夫的最著名的弟子，康德在他的前批判哲学的时期受沃尔夫影响甚大。他把鲍氏看作当时最重要的形而上学者，而且把鲍氏的教科书（逻辑）作为他的课堂讲演的底本，就在他的批判哲学时期也曾如此，虽然他在讲课里已批判了鲍氏，反对着鲍氏。

鲍氏区分着美学Ästhetik作为感性认识的理论，逻辑作为理性认识的理论。这名词也为康德在他的《纯粹理性批判》里所运用，康德区分为"先验的逻辑"和"先验的美学"即"先验的感性理论"。在这章里康德说明着感觉直观里的空间时间的先验本质。我们可以说，康德哲学以为整个世界是现象，本体不可知。这直观的现象世界也正是审美的境界，我们可以说，康德是完全拿审美的观点，即现象地来把握世界的。他是第一个建立了一个完备的资产阶级的美学体系的，而他却把他的美学著作不命名为美学。他把美学这一名词用在他的认识论的著作里，即关于感性认识的阐述的部分，这是很有趣的，也可以见到鲍姆加登的影响。康德也继承了鲍氏把美基于情感的说法，而反对他的完满的感性认识即是美的理论。康德把认识活动和审美活动划分为意识的两个不同的领域，因而阉割了艺术的认识功用和艺术的思想性，而替现代反动美学奠下了基础。他继承了鲍氏的形式主义和情感论扩张而为他的美学体系。

二

美学思想从意大利文艺复兴传播到法国，在那里建立了唯理主义的美学体系，然后在德国得到了完成。在十八世纪的上半期，艺术创造和审美思想的条件有了变动，于是英国首先领导了新的美学的方向。这里也是首先有了社会秩序的变革为前提的。1688年英国资产阶级革命的成功改变了人们的生活情调，也就影响到艺术和美学的思想。在这个工业、商业兴盛和资产阶级在政治上获得自由的英国，独立了的受教育的资产阶级开始自觉它的地位，封建的王侯不再具有绝对的支配人们精神思想的势力。文学里开始表现资产阶级的思想人物和贵族并驾齐驱。在欧洲资产阶级的自由发源地荷兰的十七世纪的绘画里，尤其在大画家伦勃朗的油画里直率地表现着现实界的生活力旺盛的各色人物，不再顾到贵族的仪表风度。荷兰的风俗画描绘着单纯的素朴的社会生活情状。在英国的文学里，这种新的精神倾向也占了上风，和当时的美学观念、文艺批评联系着。英国的新上升的资产阶级需要一种文学艺术，帮助它培养和教育资产阶级新式的人物、新思想和新道德。美学家阿狄生有一次在伦敦街头看着熙熙攘攘、匆匆忙忙的人们感动地说道："这些人大半是过着一种虚假的生活。"他要使他们成为真正的人，这就是不再是通过宗教，而是通过审美和文化教养出来的人。这时在文艺复兴以来壮丽的气派、华贵的建筑和绘画以外，也为新兴的中产阶级产生了合乎幽静家庭生活的、对人们亲切的风景和人物的油画。对于自然的爱好成为普遍的风气。就像在哲学家斯宾诺莎、莱布尼茨、歇夫斯伯尼的哲学里，自然界从宗教思想的束缚里解放出来，成为独立研究的对象一样，绘画里也使大自然成为独立表现的主题，不再是人物的陪衬。在克劳德·洛伦（法）、鲁夷斯代尔、荷伯玛（荷兰）等人的风景画里，人对自然的感觉愈益亲切，注意到细节，和当时的大科学家毕封、林耐等人一致。十八世纪这种趣味的转变是和许多热烈的美学辩论相伴着。英国流行着报刊里的讨论，法国狄德洛写文章报道着绘画展览。德国莱辛和席勒的戏剧是和无数的争辩讨论的文章交织着，歌德和席勒的通信多半讨论着文艺创作问题。这时一些学院哲学以外的思想家注重各种艺术的感性材料和表现特点的研究，如莱辛的拉奥孔区别文学与绘画的界限，想从这里获得各种艺术的发展规律。所以从心理分析来把握审美现象在此时是一条比较踏实的科学地研究美学问题的道路，而这一方面主要是先由英国的哲学家发展着的。

荷姆（Home），生于1696年，是苏格兰思想界最兴盛时代的学者。1762年开始发表他的《批评的原则》（*Elements of Criticism*）是心理学的美学奠基的著作。一百年后，1876年德国的费希勒尔搜集他自己的论文发表，名为《美学初阶》。在这二书里见到一百年间心理分析的美学的发展。荷姆的主要美学著作即是《批评的原则》（1763年译成德文，1864年铿里士堡《学术与政治报》上刊出一书评，可能出自康德之手。见Schlapp：《康德鉴赏力批判的开始》），是分析美与艺术的著作。由于他在分析里和美学概念的规定里的完备，这书在当时极被人重视。这是十八世纪里最成熟和完备的一部对于美的分析的研究。莱辛、赫尔德、康德、席勒都曾利用过它。他对席勒启发了审美教育的问题。

荷姆的分析是以美的事物给予我们的深刻的丰富印象为对象。他首先见到美的印象所引起的心灵活动是单纯依据自然界审美对象或过程的某一规定的性质。审美地把握对象的中心是情感，于是分析情感是首要的任务。当时一般思想趋势是注意区分人的情绪与意志，审美的愉快和道德的批判。布尔克已经强调出审美的静观态度和意志动作的区别。荷姆从心理学的理解来把审美的愉快归引到最单纯的元素即无利益感的情绪，亦即从这里不产生出欲求来的情绪。他因此逐渐发展出关于情绪作为心灵生活的一个独立区域的学说，后来康德继承了他而把这个学说系统化。康德严格地把情绪作为与认识和意志欲望区分开来的领域，这在荷姆还并没有陷入这种错误观点。不过他也以为一个美丽的建筑或风景唤起我们心中一种无欲求心的静观的欣赏，但他认为我们若想完全理解审美印象的性质，就须把一个实际存在的事物所激起的情绪和一个对象仅在"意境"里所激起的情绪（如在绘画或音乐里）区别开来。意境对于现实的关系就像回忆对于所回忆的东西的关系。它（这意境）在绘画里较在文学里强烈些，在舞台的演出里又较绘画里强烈些。荷姆所发现的这"意境"概念是后来一切关于"美学的假相"学说的根源。不过在荷姆这"意境"概念的意义是较为积极的,不像后来的是较为消极性的(即过于重视艺术境界和现实的不同点)。

但这种对美感的心理分析或心理描述引起了一个问题,即审美印象的普遍有效性问题,审美的判断是在怎样的范围内能获得普遍的同意?休谟曾在他的论文里发挥了鉴赏(趣味)标准的概念。这个重要的概念,荷姆在他的著作里继续发展了。康德更是从这里建立他的先验的唯心主义的美学,而完全转到主观主义方面来。荷姆还有一些重要的分析都影响着后来康德美学及其他人的美学研究,我们不多谈了。

现在谈谈布尔克。康德在他的《判断力批判》里直接提到他的前辈美学家的地方极少,但却提到了英国的思想家布尔克(1729—1797)。布尔克著有《关于我们壮美及优美观念来源的哲学研究》(1756年,在他以前1725年已有赫切森(Hutscheson)的《关于我们的美的及品德的观念来源的研究》)。

英国的美学家和法国不同,他们对于美,不爱固定的规则而爱令人惊奇的东西,在新奇的刺激以外又注意"伟大"的力量,认为"伟大"的力量是不能用理智来把握的。因此艺术的创造和欣赏没有整体的心灵活动和想象力的活动是不行的。

康德在《判断力批判》里简单地叙述了布尔克的见解,并且赞许着说:"作为心理学的注释,这些对于我们心意现象的分析极其优美,并且是对于经验的人类学的最可爱的研究提供了丰富的资料。"

康德从他以前的德国唯理主义美学和英国心理分析的美学中吸取了他的美学理论的源泉。他的美学像他的批判哲学一样,是一个极复杂的难懂的结构,再加上文字句法的冗长晦涩,令人望而生畏。读他的书并不是美的享受,翻译它更是麻烦。

三

1790年康德在完成了他的《纯粹理性批判》(对知识的分析)和《实践理性批判》(对道德,即善的意志的研究)以后,为了补足他的哲学体系的空隙,发表了他的《判断力批判》(包含着对审美判断的分析)。

但早在1764年他已写了《关于优美感与壮美感的考察》,内容是一系列的在美学、道德学、心理学区域内的极细微的考察,用了通俗易懂的、吸引人的、有时具有风趣的文字泛论到民族性、人的性格、倾向、两性等方面。

康德尚无意在这篇文章里提供一个关于优美及壮美的科学的

理论，只是把优美感和壮美感在心理学上区分开来。"壮美感动着人，优美摄引着人。"他从壮美里又分别了不同的种类，如恐怖性的壮美、高贵、灿烂等。可注意的特点是他对道德的美学论证建立在"对人性的美和尊严的感觉上"。这里又见到英国思想家歇夫斯伯尼的影响。

《判断力批判》（1790年第1版，1793年第2版），这书是把两系列各自的独立的思考，由于一个共同观点（即"合目的性"的看法）结合在一起来研究的。即一方面是有机体生命界的问题，另一方面是美和艺术的问题。但是在《纯粹理性批判》里，康德尚认为"把对美的批判提升到理性原理之下和把美的法则提升到科学是一个不可能实现的愿望"。但是他在他所做的哲学的系统的研究进展中，使他在1787年认为在"趣味（鉴赏）"领域里也可以发现先验的原理，这是他在先认为是不可能的事。

这种把"鉴赏的批判"和"目的论的自然观的批判"结合在一起的企图到1789年才完全实现。工作加快地进行，1790年就出版了《判断力批判》，完成康德的批判哲学的体系〔康德所谓批判（Kritik），就是分析、检查、考察。批判的对象在康德首先就是人对于对象所下的判断。分析、检查、考察这些判断的意义、内容、效力范围，就是康德批判哲学的任务〕。康德的《判断力批判》第一部分是"审美判断力批判"。此中第一章第一节，美的分析；第二节，壮美（或崇高）的分析；第二章，审美判断力的辩证法。现在我主要的是介绍一下"美的分析"里的大意，然后也略介绍一下他的论壮美（崇高）。

我们先在总的方面略为概括地谈一谈康德论审美的原理，这是相当抽象，不太好懂的。康德的先验哲学方法从事于阐发先验的可能性的知识（即具有普遍性和必然性的知识）。美学问题是他的批判哲学里普遍原理的特殊地运用于艺术领域。和科学的理论里的先验原理（即认识的诸条件）及道德实践里的先验原理相并，产生着第三种的先验方法在艺术领域里。艺术和道德一样古老，比科学更早。康德美学的基本问题不是美学的个别的特殊的问题，而是审美的态度。照他的说法，即那"鉴赏（或译趣味）判断"是怎样构成的，它和知识判断及道德的判断的区分在哪里？它在我们的意识界里哪一方向和哪一方面中获得它的根基和支持？

康德美学的突出处和新颖点即是他第一次在哲学历史里严格地系统地为"审美"划出一独自的领域，即人类心意里的一个特殊的状态，即情绪。这情绪表现为认识与意志之间的中介体，就像判断力在悟性和理性之间。他在审美领域里强调了"主观能动性"。康德一般地在情绪后附加上"快乐及不快"的词语，亦即愉快及不愉快的情绪，但这个附加词并不能算作真正的特征。特征是在于这情绪的纯主观性质，它和那作为客观知觉的感觉区别着。在这意义里，康德说："鉴赏没有一客观的原则。"此外这个情绪是和对于快适的单纯享受的感觉以及另一方对于善的道德的情绪有根本的差别。

美学是研究"鉴赏里的愉快"，是研究一种无利益兴趣和无概念（思考）却仍然具有普遍性和直接性的愉快。审美的情绪须放弃那通过悟性的概念的固定化，因它产生于自由的活动，不是诸单个的表象的，而是"心意诸能力"全体的活动。在"美"里是想象力和悟性，在"壮美"里是想象力和理性。审美的真正的辨别不是愉快，愉快是随着审美评判之后来的，而是那适才所描述的心意状态的"普遍传达性"。这是它和快适感区别的地方。

因这个心意状态绝不应听从纯粹个人趣味的爱好，那样，美学不能成为科学。鉴赏判断也要纳入法则里，因它要求着"普遍有效性"，尽管只是主观的普遍有效性。它要求着别人的同意，认为别人也会有同样的愉快（美的领略）。如果他（指别人）目前尚不能，在美学教育之后会启发了他的审美的共通感，而承认他以前是审美修养不够，并不是像"快适"那样各人有私自的感觉，不强人同，不与人争辩。所以人类是具有审美的"共通感"（Gemeinsein）的。这共通感表示：每个人应该对我的审美判断同意，假使它正确的话（尽管事实上并不一定如此）。因而我的审美判断具有"代表性"（样本性）的有效性。当然按照它的有效价值也只具有一个调节性的，而非构造性的"理想的"准则。一言以蔽之，是一理念（Idee）。对康德，理念（或译观念）是总括性的理性概念，最高级的统一的思想，对行为和思想的指导观念，在经验世界里没有一对象能完全符合它。审美的诸理念是有别于科学理论上的诸理念的，它们不像这些理念那样是表明（立证）的"理性理念"，而是不能曝示的，即不能归纳进概念里去的想象力的直观，没有语言文字能说出，能达到。它是"无限"的表现，它内里包含着"不能指名的思想富饶"。它是建基于超感性界的地盘上的那个仅能被思索的实体，我们的一切精神机能把它作为它们的最后根源而汇流其中，以便实现我们的精神界的本性所赋予我们最后的目的，这就是理性"使自己和自身协和"。超过了这一点，审美原理就不能再使人理解的了（康德再三这样说着）。

创造这些审美理念的机能，康德名之为天才，我们内部的超感性的天性通过天才赋予艺术以规律，这是康德对审美原理的唯心主义的论证。

四

一个判断的宾词若是"美"，这就是表示我们在一个表象上感到某一种愉快，因而称该物是美。所以每一个把对象评定为美的判断，即是基于我们的某一种愉快感。这愉快作为愉快来说，不是表象的一个属性，而只是存在于它对我们的关系中，因此不能从这一表象的内容里分析出来，而是由主体加到客体上面的，必须把这主观的东西和那客观的表象相结合。因此这判断在康德的术语里，即是所谓综合判断，而不是分析判断。

但不是每一令人愉快的表象都是美。因此审美判断所表达的愉快必须具有特性。

问题是：什么是美？即审美判断的基础在哪里？这一宾词所加于那表象的是什么？这些归结于下列问题：审美的愉快和一切其他种类的愉快的区分在哪里？对这一问题的回答就说出了"美或鉴赏判断的性质"，这是"美的分析"的第一个主题。

美以外如快适，如善，如有益，都是令人愉快的表象。康德进一步把它们分辨开来，说它们对于我们的关系是和美对于我们的关系不同的。康德哲学注重"批评"（Kritik）亦即分析，他偏重分别的工作，结果把原来联系着的对象割裂开来，而又不能辩证地把握到矛盾的统一。这造成他的哲学里和美学里的许多矛盾和混乱，这造成他的思想的形而上学性。

快适表现于多种的丰富的感受，如可爱的、柔美曼妙的、令人开心的、快乐的等，是一种感性的愉快的表现，而善和有益是实践生活里的表现。快适的感觉不是系于被感觉的对象,而是系于我自己的感觉状况,它们仅是主观的。如果我们下一判断说"这园地是绿色的",这宾词"绿"是隶属于那被我们觉知的客体"园地"的。如果我们判断"这园地是舒适的",这就是说出我看见这园地时我的感觉被激动的样式和状态。"快适是给诸感官在感觉里愉快的",它给予愉快而不通过概念(思维)。对于善和有益的愉快是另一种类的。有益即是某物对某一事一物好。善却与此相反,它是在本身上好,这就是只是为了自身的原因、自身的目的而实现,进行的。有益的是工具,善是目的,并且是最后目的。二者都是我们感到愉快的对象,却是在实践里的满足,它们联系着我们的意志、欲望,通过目的的概念,它们服务于这个目的。有益的作为手段、工具,善作为终极目的,前者是间接的,后者是直接的。康德说:"善是那由于理性的媒介通过单纯的概念令人满意的。我们称呼某一些东西为了什么事好(有益的),它只是作为手段令人愉快的,另一种是在自身好,这是自身令人愉快满意的。"善不仅是实践方面的,且进一步是道德的愉快。

但二者的令人愉快是以客体的实际存在为前提,人当饥渴时,绘画上的糕饼、鱼肉、水果是不能令人愉快的,它们徒然是一种刺激。除非吃饱了,不渴了,画上的食品是令人愉快的,像十七世纪荷兰画家常爱画的一些佳作。一个人的善行如果是伪装的,不但不引起道德上的满意，反而令人厌恶。除非我们被欺骗，信以为真（即认为是客观存在着）的时候。这就是说我们对于它们的客观存在是感兴趣的，有着利害关系的。

但在对于美的现象的关系中却不关注那实物的存在，对画上的果品并不要求它的实际存在，而只是玩味它的形象，它的色彩的调和，线条的优美，就是说，它的形式方面，它的形象。康德说："人须丝毫不要坚持事物的存在，而是要在这方面淡漠，以便在鉴赏的事物里表现为裁判者。"总结起来，康德认为美是具有一种纯粹直观的性质，首先要和生活的实践分开来。他说："一个关于美的判断，即使渗入极微小的利害关系，都具有强烈的党派性，它就绝不是纯鉴赏判断。因此，要在鉴赏中做个评判者，就不应从利害的角度关心事物的存在，在这方面应抱淡漠的态度。"

照康德的意见，在纯粹美感里，不应渗进任何愿望、任何需要、任何意志活动。审美感是无私心的，纯是静观的，他静观的对象不是那对象里的会引起人们的欲求心或意志活动的内容，而只是它的形象，它的纯粹的形式。所以图案、花边、阿拉伯花纹正是纯粹美的代表物。康德美学把审美和实践生活完全割裂开来，必然从审美对象抽掉一切内容，陷入纯形式主义，把艺术和政治割离开来，反对艺术活动中的党派性。它成为现代最反动的形式主义艺术思想的理论源泉了。

康德认为人在纯粹的审美里绝不是在求知，求发现普遍的规律、客观的真理，而是在静观地赏玩形象、物的形式方面的表现。审美的判断不是认识的判断，所以美不但和快适、善、有益区分开来，也和真区分开来。他反对在他以前的英国美学里（如布尔克）的感觉主义，只在人们的心理中的快感里面寻找美的原因，把美和心理的快适（快活舒适）等同起来。他也反对唯理主义思想家（如鲍姆加登）把美等同于真，即感性里的完满认识，或善，即完满。他要把一切杂质全洗刷掉，求出纯洁的美感。他用"批判"即"分剖"的方法来研究人类的认识作用，称作"纯粹理性批判"，研究纯洁的直观、纯洁的悟性，在道德哲学里探讨纯洁的意志，等等。他的这种洗刷干净的方法，追求真理的纯洁性，像十七世纪里的物理学家、数学家的分析学（数学是他们的，也是康德的科学理想），但却把有血有肉的，生在社会关系里的人的丰富多彩的意识抽空了（抽象化了）；更是把思想富饶、意趣多方的艺术创作、文学结构抽空了。损之又损，纯洁又纯洁，结果只剩下花边图案，阿拉伯花纹是最纯粹的，最自由的，独立无靠的美了。剩下来的只是抽空了一切内容和意义的纯形式。他说："花，自由的素描，无任何意图地相互缠绕着的、被人称作簇叶饰的纹线，它们并不意味着什么，并不依据任何一定的概念，但却令人愉快满意。"

康德喜欢追求纯粹、纯洁，结果陷入形式主义、主观主义的泥坑，远离了丰富多彩的现实生活和现实生活里的斗争，梦想着"永久的和平"。美学到了这里，空虚到了极点，贫乏到了极点，恐怕不是他始料所及的吧！而客观事实反击了过来，康德不能不看到这一点，但是他的主观唯心主义使他不能用唯物辩证法来走出这个死胡同，于是不顾自相矛盾地又反过来说："美是道德的善的象征。"想把道德的内容拉进纯形式里来，忘了当初气势汹汹的分疆划界的工作了。

我们以上已经叙述过康德就"性质"这一契机来考察美的判断。他总结着说：

> 鉴赏（趣味，即审美的判断）是凭借完全无利害观念的快感和不快感，对某一对象或它的表现方式的一种判断力。

鉴赏判断的第二契机就是按照量上来看的。这就是问一个真正的审美判断，譬如说这风景是美的，这首诗是美的，说出这判断的人是不是想，这个判断只表达我个人的感觉，像我吃菜时的口味那样。如果别人说：我觉得这菜不好吃，我并不同他争辩，争辩也无益，我承认各人有各人的口味，不必强同。康德认为根据个人的私人的趣味的判断，是夹杂着个人的利害兴趣的，不是像那无利害关系，超出了个人欲求范围的审美判断。因此对于审美判断，我们会认为它不仅仅是代表着个人的兴趣、嗜好，而是反映着人类的一种普遍的共同的对于客体的形象的情绪的反应。因此会认为这个判断应该获得人人公共的首肯（假使我这判断是正确的话），这就是提出了普遍同意的要求，认为真正的（正确的）审美判断应是普遍有效的，而不局限于个人。如果别人不承认，那就要么是我这判断并不正确，应当重新考虑修改。如果审查了仍自以为是完全正确的，那就会是别人的审美修养、鉴赏力不够，将来他的鉴赏力提高了，一定会承认我这个判断的。许多大艺术家发现了新的美，把它表现出来，当时可能得不到人们的承认，他却仍然相信将来定有知音，因而坚持下去，不怕贫困和屈辱，像伦勃朗那样。这里康德所主张的审美判断在"量"的方面是具有普遍性的，可以提出普遍同意的要求，不像在饮食里各人具有他自己个别的口味，是不能坚持这个普遍性的要求的。（虽然孟子曾说过："口之于味也，有同嗜焉。"）

　　康德认为审美判断具有普遍性，因为美感是不带有利益兴趣因而是自由的、无私的。它不像快适那样基于私人条件，因而审美的判断者以为每个人都会做出同样的判断的。但是在审美判断里对于每个人的有效性不是像伦理判断那样根据概念，因此它不能具有客观的普遍有效性，而仅能具有主观的普遍有效性。而这个之所以可能，是因为审美情绪不是先行于对于对象的判断，而是产生于全部心意能力总的活动，内心自觉到理知活动与想象力的和谐，感觉它作为"静观的愉悦"。

在这里见到康德的所谓美感完全是基于主体内部的活动，即理知活动与想象力的谐和、协调，不是走出主观以外来把握客观世界里的美。这和康德的物自体不可知论，和他的主观唯心论是一致的。

就审美判断中的第三个契机，即所看到的"目的的关系"这一范畴来考察审美判断。康德认为美是一对象的形式方面所表现的合目的性而不去问他的实际目的，即他所说的"合目的性而无目的"（无所为而为），也就是我们在对象上观照它在形式上所表现的各部分间有机的合目的性的和谐，我们要停留在这完美的多样中统一的表象的鉴赏里，不去问这对象自身的存在和它的实际目的。如果我们从表面的合目的性的形式进而探究或注意它的存在和它的目的，那么，它就会引起我们实际的利益感而使我们离开了静观欣赏的状态了。所以最纯粹的审美对象是一朵花，是阿拉伯花纹等等。这里充分说明了康德美学中的形式主义。但是，康德也不能无视一切伟大文艺作品里所包含着的内容价值，它们里面所表现的对人们生活的影响，它们的教育意义。所以康德又自相矛盾地大谈"美是'道德的善'的象征"。并且说："只有在这个意义里（这是一种对于每个人是自然的关系，这并且是每个人要求别人作为义务的），美给人愉快时要求着另一种赞许，即人要同时自己意识到某一种高贵化和提升到单纯官能印象的享受之上去，并且别种价值也依照他的判断力的一个类似的原则来评价。"后来诗人席勒的美学继承康德发展了审美教育问题的研究（德国十八世纪大音乐家乔·弗·亨德尔说得好："如果我的音乐只能使人愉快，那我感到很遗憾，我的目的是使人高尚起来。"）。于是康德又自相矛盾地提出了自由（自在）的美和挂上的（系属着的）美的区分。自由的美不先行肯定那概念，说对象应该是什么；那挂上的美（系属着的美）却先行肯定这概念和对象依照那概念的完满性（例如画上的一个人物就要圆满地表现出关于那个人的概念内容，即典型化）。一个对象里的丰富多样集合于使它可能的内在目的之下，我们对于它的审美快感是基于一个概念的，也就是依照这个概念要求这概念的丰富内容能在形象上充分表达出来。

对于"自由"的美，如一花纹图案、一朵花的快感是直接和那对象的形象联系着，而不是先经过思想，先确定那对象的概念，问它"是什么"，而是纯粹欣赏和玩味它的形式里的表现。

如果对象是在一个确定的概念的条件下被判断为美的，那么，这个鉴赏判断里就基于这概念包含着对于那个"对象"的完满性或内在的合目的性的要求，这个审美判断就不再是自由的和纯粹的鉴赏判断了。康德哲学的批判工作是要区别出纯粹的审美判断来，那只剩有对"自由美"的判断，也即是对于纯粹形式美的判断，如花纹等。而一切伟大的文学艺术作品都是他所说的"系属着的美"或"挂上的美"，即在形式的美上挂上了许多别的价值，如真和善等。在这里又见到康德美学里的矛盾和复杂，和它的形式主义倾向。最后，依照判断中第四个契机"情状"的范畴来考察，即按照对于对象所感到愉快的情状来看。美对于快感具有必然性的关系，但这种必然性不是理论性和客观性的，也不是实践性的（如道德）。这种必然性在一个审美判断里被思考着时只能作为例证式的，这就是说作为一个普遍规律的一个例证，而这个普遍规律却是人们不能指说明白的（不像科学的理论的规律，也不像道德规律）。审美的共通感作为我们的认识诸力（理知和想象力）的自由游戏是一个理想的标准，在它的前提下，一个和它符合着的判断表白出对一对象的快感能够有理由构成对每个人的规律，因为这原理虽然只是主观性的，却是主观的普遍性，是对于每个人具含着必然性的观念。康德这一段思想难懂，但却极重要。

如果把上面康德美学里所说的一切对于美的规定总结起来就可以说："美是……无利益兴趣的，对于一切人，单经由它的形式，必然地产生快感的对象。"这是康德美感分析的结果。康德把审美的人从他的整个人的活动，他的斗争的生活里，他的经济的社会的政治的生活里抽象出来，成为一个纯粹静观着的人。康德把艺术作品从它的丰富内容、它的深刻动人的政治价值、社会价值、教育价值、经济价值、战斗性中抽象出来，成为单纯形式。这时康德以为他执行了和完成了他的"审美批判力批判的工作"。

所以康德的美学不是从艺术实践和艺术理论中来，而是从他的批判哲学的体系中来，作为他的批判哲学体系中的一个组成部分。

康德美学的主要目标是想勾出美的特殊的领域来，以便把它和真和善区别开来，所以他分析的结果是：纯粹的美只存在"单纯形式"里即在纯粹的无杂质、无内容的形式的结构里，而花纹图案就成了纯美的典范。但康德在美感的实践里却不能不知道这种抽空了内容的美在现实中几乎是不存在的，就是极简单的纯形式也会在我们心意里引起一种不能指名的"意义感"，引起一种情调，假使它能被认为是美的话。如果它只是几何学里的形，如三角、正方形等，不引起任何情调时，也就不能算作美学范围内的"纯形式"了。

而且不止于此，人类在生活里常常会遭遇到惊心动魄、震撼胸怀的对象，或在大自然里，或在人生形象、社会形象里，它们所引起的美感是和"纯粹的美感"有共同之处——因同是在审美态度里所接受的对象——却更有大大不同之处。这就是它们往往突破了形式的美的结构，甚至于恢恑憰怪。自然界里的狂风暴雨、飞沙走石，文学艺术里面如莎士比亚伟大悲剧里的场面，人物和剧情（麦克白司、里查第三、李尔王等剧），是不能纳入纯美范畴的。这种我们大致可列入壮美（或崇高）的现象，事实上这类现象在人生和文艺里比纯美的境界更多得多，对人生也更有意义。康德自己便深深地体验到这个。他常说：世界上有两个最崇高的东西，这就是夜间的星空和人心里的道德律。所以康德不能不在纯粹美的分析以后提出壮美（崇高）来做美学研究的对象。何况他的先辈布尔克、荷姆在审美学的研究里已经提出了这纯美和壮美的区别而加以探讨了。

"会当凌绝顶，一览众山小。"（杜甫：《望岳》）美学研究到壮美（崇高），境界乃大，眼界始宽。研究到悲剧美，思路始广，体验乃深。

康德认为：许多自然物可以被称为是优美的，但它们不能是真正的壮美（崇高）的。一个自然物仅能作为崇高的表象（表现），因真正的壮美是不存在感性的形式里的。对自然物的优美感是基于物的形式，而形式是成立在界限里的（有轮廓范围）。壮美却能在一个无边无垠的对象里找到。这种"无限"可能在一个物象身上见到，也可能由这物象引起我们这种想象。优美的快感联系着"质"，壮美的快感联系着"量"。自然物的优美是它的形式的合目的性，这就是说这对象的形式对于我的判断力的活动是合适的，符合着的，好像是预先约定着的。在我的观照中引动我的壮美（崇高）感的对象，光就它的形式来看，也有些可能是符合着我的判断力的形式的，例如希腊的庙宇，罗马城的彼得大教堂，米开朗琪罗的摩西石像等古典艺术。但壮美的现象对于我们的想象力显示来得强暴，使我们震惊、失措、彷徨。然而，越是这样，越使我们感到壮伟、崇高。崇高不只是存在于被狂飙激动的怒海狂涛里，而更是进一步通过这现象在我们心中所激起的情感里。这时我们情感摆脱了感性而和"观念"连结活动着。这些观念含着更高一级的"合目的性"。对于自然界的"优美"，我们须在外界寻找一个基础，而对"崇高"只能在内心和思想形式里寻找根源，正是这思想形式把崇高输送到大自然里去的。

康德区分两类壮美，数学的和力学的壮美。当人们对一对象发生壮美感时，是伴着心情的激动的，而在纯美感里心情是平静的愉悦。那心情的激动，当它被认为是"主观合目的"时，它是经由想象力联系到认识机能，或是联系到欲求机能。在第一种场合里想象力伴着的情调是数学的，即联系于量的评价。在第二种场合里，想象力伴着的情调是力学的，即是产生于力的较量。在两种场合里都赋予对象以壮美的性质。

当我们在数量的比较中向前进展，从男子的高度到一座山的高度，从那里到地球的直径，到天河及星云系统，越来越广大的单位，于是自然界里一切伟大东西相形之下都成了渺小，实际上只是在我们的无止境的想象力面前显得渺小，整个自然界对于无限的理性来说成了消逝的东西。歌德诗云："一切消逝者，只是一象征。"它即是"无限"的一个象征，一个符号而已。因此，量的无限、数学上的大，人类想象力全部使用也不能完全把握它，而在它面前消失了自己，它是超出我们感性里的一切尺度了。

壮美的情绪是包含着想象力不能配合数量的无止境时所产生的不快感，同时却又产生一种快感，即是我们理性里的"观念"，是感性界里的尺度所万万不能企及的，配合不上的。在壮美感里我们是前恭而后倨。

力学上的壮美是自然在审美判断中作为"力量"来感触的。但这力量在审美状态中对我们却没有实际的势力，它对于我们作为感性的人固然能引起恐怖，但又激发起我们的力量，这力量并不是自然界的而是精神界的，这力量使我们把那恐怖焦虑之感看作渺小。因此，当关涉到我们的（道德的）最高原则的坚持或放弃时，那势力不再显示为要我们屈服的强大压力，我们在心里感觉到这些原则的任务的壮伟是超越了自然之上。这壮伟作为全面的真正的伟大，只存在我们自己的情调中。

在这里我们见到壮美（崇高）和道德的密切关系。

康德本想把"美"从生活的实践中孤立起来研究，这是形而上学的方法。但现实生活的体验提出了辩证思考的要求。只有唯物辩证法才能全面地、科学地解决美的与艺术的问题。

五

　　康德生活着的时代在德国是多么富有文学艺术的活跃，在他以前有艺术理论家温克尔曼，对我们启发了希腊的高尚的美的境界，有理论家及创作家莱辛，他是捍卫着现实主义的文艺战士。在康德同时更有伟大的现实主义诗人歌德，现实主义的文艺理论家赫尔德尔。（在他以后有发展和改进了他的美学思想的大诗人席勒和哲学家黑格尔。）这些人的美学思想都是从文学艺术的理论探究中来的，而康德却对他们似乎熟视无睹，从来不提到他们。他对当时轰轰烈烈的文艺界的创造，歌德等人的诗、戏曲、小说，贝多芬、莫扎特等人的音乐，都似乎不感兴趣，从来不提到他们。而他自己却又是第一个替近代资产阶级的哲学建立了一个美学体系的，而这个美学体系却又发生了极大的影响，一直影响到今天的资产阶级的反动美学。这真是值得我们注意和探究的问题。深入地考察和批判康德美学是一个复杂的而又重要的工作，尚待我们的努力。

第十九讲

看了罗丹雕刻以后

"……艺术是精神和物质的奋斗……艺术是精神的生命贯注到物质界中，使无生命的表现生命，无精神的表现精神。……艺术是自然的重现，是提高的自然。……"抱了这几种对于艺术的直觉见解走到欧洲，经过巴黎，徘徊于罗浮艺术之宫，摩挲于罗丹雕刻之院，然后我的思想大变了。否，不是变了，是深沉了。

我们知道我们一生生命的迷途中，往往会忽然遇着一刹那的电光，破开云雾，照瞩前途黑暗的道路。一照之后，我们才确定了方向，直往前趋，不复迟疑。纵使本来已经是走着了这条道路，但是今后才确有把握，更增了一番信仰。

我这次看见了罗丹的雕刻，就是看到了这一种光明。我自己自幼的人生观和自然观是相信创造的活力是我们生命的根源，也是自然的内在的真实。你看那自然何等调和，何等完满，何等神秘不可思议！你看那自然中何处不是生命，何处不是活动，何处不是优美光明！这大自然的全体不就是一个理性的数学、情绪的音乐、意志的波澜吗？一言蔽之，我感得这宇宙的图画是个大优美精神的表现。但是年事长了，经验多了，同这个实际世界冲突久了，晓得这空间中有一种冷静的、无情的、对抗的物质，为我们自我表现、意志活动的阻碍，是不可动摇的事实。又晓得这人事中有许多悲惨的、冷酷的、愁闷的、龌龊的现状，也是不可动摇的事实。这个世界不是已经美满的世界，乃是向着美满方面战斗进化的世界。你试看那棵绿叶的小树。它从黑暗冷湿的土地里向着日光，向着空气，作无止境的战斗。终竟枝叶扶疏，摇荡于青天白云中，表现着不可言说的美。一切有机生命皆凭借物质扶摇而入于精神的美。大自然中有一种不可思议的活力，推动无生界以入于有机界，从有机界以至于最高的生命、理性、情绪、感觉。这个活力是一切生命的源泉，也是一切"美"的源泉。

自然无往而不美。何以故？以其处处表现这种不可思议的活力故。照相片无往而美。何以故？以其只摄取了自然的表面，而不能表现自然底面的精神故。（除非照相者以艺术的手段处理它。）艺术家的图画、雕刻却又无往而不美，何以故？以其能从艺术家自心的精神，以表现自然的精神，使艺术的创作，如自然的创作故。

什么叫作美？……"自然"是美的，这是事实。诸君若不相信，只要走出诸君的书室，仰看那檐头金黄色的秋叶在光波中颤动；或是来到池边柳树下俯看那白云青天在水波中荡漾，包管你有一种说不出的快感。这种感觉就叫作"美"。我前几天在此地斯蒂丹博物院里徘徊了一天，看了许多荷兰画家的名画，以为最美的当莫过于大艺术家的图画、雕刻了,哪晓得今天早晨起来走到附近绿堡森林中去看日出,忽然觉得自然的美终不是一切艺术所能完全达到的。你看空中的光、色,那花草的动,云水的波澜,有什么艺术家能够完全表现得出?所以自然始终是一切美的源泉,是一切艺术的范本。艺术最后的目的,不外乎将这种瞬息变化,起灭无常的"自然美的印象",借着图画、雕刻的作用,扣留下来,使它普遍化、永久化。什么叫作普遍化、永久化?这就是说一幅自然美的好景往往在深山丛林中,不是人人能享受的;并且瞬息变动、起灭无常,不是人时时能享受的(……"夕阳无限好,只是近黄昏。"……)。艺术的功用就是将它描摹下来,使人人可以普遍地、时时地享受。艺术的目的就在于此,而美的真泉仍在自然。

那么,一定有人要说我是艺术派中的什么"自然主义""印象主义"了。这一层我还有申说。普通所谓自然主义是刻画自然的表面,入于细微。那末能够细密而真切地摄取自然印象莫过于照相片了。然而我们人人知道照片没有图画的美,照片没有艺术的价值。这是什么缘故呢?照片不是自然最真实的摄影吗?若是艺术以纯粹描写自然为标准,总要让照片一筹,而照片又确是没有图画的美。难道艺术的目的不是在表现自然的真象吗?这个问题很可令人注意。我们再分析一下。

(一)向来的大艺术家如荷兰的伦勃朗、德国的丢勒、法国的罗丹都是承认自然是艺术的标准模范，艺术的目的是表现最真实的自然。他们的艺术创作依了这个理想都成了第一流的艺术品。

（二）照片所摄的自然之影比以上诸公的艺术杰作更加真切、更加细密，但是确没有"美"的价值，更不能与以上诸公的艺术品媲美。

（三）从这两条矛盾的前提得来结论如下：若不是诸大艺术家的艺术观念……以表现自然真相为艺术的最后目的……有根本错误之处，就是照片所摄取的并不是真实自然。而艺术家所表现的自然，方是真实的自然！

果然！诸大艺术家的艺术观念并不错误。照片所摄非自然之真。惟有艺术才能真实表现自然。

诸君听了此话，一定有点惊诧，怎么照片还不及图画的真实呢？

罗丹说："果然！照片说谎，而艺术真实。"这话含意深厚，非解释不可。请听我慢慢说来。

我们知道"自然"是无时无处不在"动"中的。物即是动，动即是物，不能分离。这种"动象"，积微成著，瞬息变化，不可捉摸。能捉摸者，已非是动；非是动者，即非自然。照相片于物象转变之中，摄取一角，强动象以为静象，已非物之真相了。况且动者是生命之表示，精神的作用；描写动者，即是表现生命，描写精神。自然万象无不在"活动"中，即是无不在"精神"中，无不在"生命"中。艺术家要想借图画、雕刻等以表现自然之真，当然要能表现动象，才能表现精神、表现生命。这种"动象的表现"，是艺术最后目的，也就是艺术与照片根本不同之处了。

艺术能表现"动"，照片不能表现"动"。"动"是自然的"真相"，所以罗丹说："照片说谎，而艺术真实。"

但是艺术是否能表现"动"呢？艺术怎样能表现"动"呢？关于第一个问题要我们的直接经验来解决。我们拿一张照片和一张名画来比看。我们就觉得照片中风景虽逼真，但是木板板地没有生动之气，不同我们当时所直接看见的自然真境有生命，有活动；我们再看那张名画中景致，虽不能将自然中光气云色完全表现出来，但我们已经感觉它里面山水、人物栩栩如生，仿佛如入真境了。我们再拿一张照片摄的《行步的人》和罗丹雕刻的《行步的人》一比较，就觉得照片中人提起了一只脚，而凝住不动，好像麻木了一样；而罗丹的石刻确是在那里走动，仿佛要姗姗而去了。这种"动象的表现"要诸君亲来罗丹博物院里参观一下，就相信艺术能表现"动"，而照片不能。

那么艺术又怎样会能表现出"动象"呢？这个问题是艺术家的大秘密。我非艺术家，本无从回答；并且各个艺术家的秘密不同。我现在且把罗丹自己的话介绍出来：

罗丹说:"你们问我的雕刻怎样会能表现这种'动象'?其实这个秘密很简单。我们要先确定'动'是从一个现状转变到第二个现状。画家与雕刻家之表现'动象'就在能表现出这个现状中间的过程。他要能在雕刻或图画中表示出那第一个现状,于不知不觉中转化入第二现状,使我们观者能在这作品中,同时看见第一现状过去的痕迹和第二现状初生的影子,然后'动象'就俨然在我们的眼前了。"

这是罗丹创造动象的秘密。罗丹认定"动"是宇宙的真相,惟有"动象"可以表示生命,表示精神,表示那自然背后所深藏的不可思议的东西。这是罗丹的世界观,这是罗丹的艺术观。

罗丹自己深入于自然的中心,直感着自然的生命呼吸、理想情绪,晓得自然中的万种形象,千变百化,无不是一个深沉浓挚的大精神……宇宙活力……所表现。这个自然的活力凭借着物质,表现出花,表现出光,表现出云树山水,以至于鸢飞鱼跃、美人英雄。所谓自然的内容,就是一种生命精神的物质表现而已。

艺术家要模仿自然,并不是真去刻画那自然的表面形式,乃是直接去体会自然的精神,感觉那自然凭借物质以表现万相的过程,然后以自己的精神、理想情绪、感觉意志,贯注到物质里面制作万形,使物质而精神化。

"自然"本是个大艺术家,艺术也是个"小自然"。艺术创造的过程，是物质的精神化；自然创造的过程，是精神的物质化；首尾不同，而其结局同为一极真、极美、极善的灵魂和肉体的协调，心物一致的艺术品。

　　罗丹深明此理，他的雕刻是从形象里面发展，表现出精神生命，不讲求外表形式的光滑美满。但他的雕刻中确没有一条曲线、一块平面而不有所表示生意跃动，神致活泼，如同自然之真。罗丹真可谓能使物质而精神化了。

　　罗丹的雕刻最喜欢表现人类的各种情感动作，因为情感动作是人性最真切的表示。罗丹和古希腊雕刻的区别也就在此。希腊雕刻注重形式的美，讲求表面的美，讲求表面的完满工整，这是理性的表现。罗丹的雕刻注重内容的表示，讲求精神的活泼跃动。所以希腊的雕刻可称为"自然的几何学"，罗丹的雕刻可称为"自然的心理学"。

　　自然无往而不美。普通人所谓丑的如老妪病骸，在艺术家眼中无不是美，因为也是自然的一种表现。果然！这种奇丑怪状只要一从艺术家手腕下经过，立刻就变成了极可爱的美术品了。艺术家是无往而非"美"的创造者，只要他能真把自然表现了。

　　所以罗丹的雕刻无所选择，有奇丑的嫫母，有愁惨的人生，有笑、有哭、有至高纯洁的理想、有人类根性中的兽欲。他眼中所看的无不是美，他雕刻出了，果然是美。

他说："艺术家只要写出他所看见的就是了，不必多求。"这话含有至理。我们要晓得艺术家眼光中所看见的世界和普通人的不同。他的眼光要深刻些、要精密些。他看见的不只是自然人生的表面，乃是自然人生的核心。他感觉自然和人生的现象是含有意义的，是有表示的。你看一个人的面目，他的表示何其多。他表示了年龄、经验、嗜好、品行、性质，以及当时的情感思想。一言蔽之，一个人的面目中，藏蕴着一个人过去的生命史和一个时代文化的潮流。这种人生界和自然界精神方面的表现，非艺术家深刻的眼光，不能看得十分真切。但艺术家不单是能看出人类和动物界处处有精神的表示。他看了一枝花、一块石、一湾泉水，都是在那里表现一段诗魂。能将这种灵肉一致的自然现象和人生现象描写出来，自然是生意跃动、神采奕奕、仿佛如"自然"之真了。

罗丹眼光精明，他看见这宇宙虽然物品繁复，仪态万千，但综而观之，是一幅意志的图画。他看见这人生虽然波澜起伏、曲折多端，但合而观之，是一曲情绪的音乐。情绪意志是自然之真，表现而为动。所以动者是精神的美，静者是物质的美。世上没有完全静的物质，所以罗丹写动而不写静。

罗丹的雕刻不单是表现人类普遍精神（如喜、怒、哀、乐、爱、恶、欲），他同时注意时代精神。他晓得一个伟大的时代必须有伟大的艺术品，将时代精神表现出来遗传后世。他于是搜寻现代的时代精神究竟在哪里。他在这十九、二十世纪潮流复杂思想矛盾的时代中，搜寻出几种基本精神：（1）劳动。十九、二十世纪是劳动神圣时代。劳动是一切问题的中心。于是罗丹创造《劳动塔》（未成）。（2）精神劳动。十九、二十世纪科学工业发达，是精神劳动极昌盛时代，不可不特别表示，于是罗丹创造《思想的人》和《巴尔扎克夜起著文之像》。（3）恋爱。精神的与肉体的恋爱，是现时代人类主要的冲动。于是罗丹在许多雕刻中表现之（接吻）。

我对于罗丹观察要完了。罗丹一生工作不息，创作繁复。他是个真理的搜寻者，他是个美乡的醉梦者，他是个精神和肉体的劳动者。他生于一千八百四十年，死于近年。生时受人攻击非难，如一切伟大的天才那样。

第二十讲 我所爱于莎士比亚的

我所爱于莎士比亚的,是爱他那高额广颡下面那双大的晶莹的太阳一般的眼睛,静穆地照彻这世界的人心,像上帝看见这世界的白昼,也看见这世界的黑夜。他看见人心里面地狱一般的黑暗,残忍、凶狠、愤怒、妒嫉、利欲、权欲,种种狂风似的疯狂的兽性。但他也看见火宅里的莲花,污泥里的百合,天使一般可爱的"人性的神性"。他这太阳似的眼睛照见成千成百的个性的轮廓阴影,每一个个性雕塑圆满,圆满得像一个世界。他创造了无数的性格,每一个性格像一朵花,自己从地下生长出来,顺着性格所造的必然的命运,走进罪恶,走进苦恼,走进死亡。他冷静得像一个上帝!

　　但是他那双晶莹的眼睛却又温煦得像月光一般,同情的抚摩按在每一个罪犯的苦痛的心灵上,让每一个地狱的冤魂都蒙到上帝的光辉(这就是诗人的伟大的心的光辉),使我们发生悲悯,发生同情。

　　莎士比亚的诗人天才是无可比拟的。歌德说过:"我不能回忆曾有一本书,一个人或一桩生活事件对于我发生这样大的影响,像莎士比亚的戏剧。它们好像是一位天上神使的工作,他来亲近人类，使人类在最轻便的道路上认识他，那些剧本不是诗。我们是好像站立在展开了无穷尽的命运底大书面前，迅动的生命暴风使着大力翻动一页一页。"歌德又说："自然与诗在近代从没有这样密切地结合过，像在莎士比亚。"

莎士比亚的伟大在他那无可企信的丰富的创造力，以风起泉涌般的自然的力量，他创造了半千数的不同的生动的性格，有血有肉，形态万千。每一个人物永远年轻，永远生存在诗人的美丽风光中，然而又那么土腥气，那么真实，那么是从自然拈来的人！英国诗人辜律支（Coleridge）①称莎氏为"千心的人"，真是一句确评。

莎士比亚的客观同他的深厚的同情心，往往使许多在他笔下不可救药的凶顽、自私、愚蠢的人，会在剧情的进展里获得作者的爱护，化成可恕的甚且可爱的人物。在他的剧本 Measure for Measure ②里面那个杀人犯：Bernardin 本是预定将他的头代替 Clandio 的，不料诗人笔下给与这凶犯若干的个性，竟不忍叫他死，虽然有伤于剧情的本身。再看那位 Folstaff ③，是怎样的一个人？真

---

①今译"柯勒律治"，英国诗人和评论家，英国浪漫主义文学巨匠和奠基人之一。
②即莎士比亚创作的戏剧《一报还一报》，又译《量罪记》。
③即福斯塔夫，莎士比亚剧作《亨利四世》及《温莎的风流娘儿们》中的一个肥胖、机智、乐观、爱吹牛的角色，是莎士比亚笔下最有名的喜剧人物之一。

是一个怯懦的寄生虫似的动物,然而莎士比亚把他造成一个最大的"幽默"天才,莎氏剧中顶有趣的人物。就看那《威尼斯商人》中的夏洛克,一个凶狠无人性的犹太人,却正因他的恨,他的顽强的报复心理,使人感到他的人性,给与他出乎意外的同情,使他变成剧中有趣的人格。只有亚高是个彻头彻尾的恶人。

　　莎士比亚表现人物的道德观点和文艺复兴的时代精神一致。这就是尊重个人人格的解放与自主。整个中古时代的人生意义和价值是寄托在天国,他们的苦痛和安慰都系于上帝的恩惠。就是希腊悲剧,形式那样地完成,然而缺少悲剧的中心动力:这悲剧主角的自由意志。希腊悲剧的真正主角是神旨,是命运。人物个性自主的力量极微薄。性格往往为行动所主持,而在两者之上是命运(神旨)早已安排了全剧的首尾。

　　而莎氏剧中的主要情节是从人物性格与行动中自然地发展来的。所以那样真挚、亲切、自然。从这真切的自然中生出风韵,生出诗。诗人的智慧和广大的同情里流出泉水般的"黄金的幽默",像朵朵细花洒遍在沉痛动人的生命悲剧上。

图书在版编目（CIP）数据

写给大家的美学二十讲 / 宗白华著. —— 南京：江苏凤凰文艺出版社，2020.10
ISBN 978-7-5594-5046-3

Ⅰ.①写… Ⅱ.①宗… Ⅲ.①美学–随笔–中国–文集 Ⅳ.① B83-53

中国版本图书馆 CIP 数据核字（2020）第 143600 号

写给大家的美学二十讲

宗白华　著

出 版 人	张在健
责任编辑	张　倩
特约编辑	程　斌　吴越同
装帧设计	山川制本 @CINCEL
出版发行	江苏凤凰文艺出版社
	南京市中央路 165 号，邮编：210009
网　　址	http://www.jswenyi.com
印　　刷	三河市嘉科万达彩色印刷有限公司
开　　本	840 毫米 × 1194 毫米　1/32
印　　张	11.25
字　　数	208 千字
版　　次	2020 年 10 月第 1 版
印　　次	2020 年 10 月第 1 次印刷
书　　号	ISBN 978-7-5594-5046-3
定　　价	68.00 元

江苏凤凰文艺版图书凡印刷、装订错误，可向出版社调换，联系电话 025-83280257